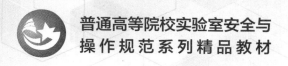

普通高等院校实验室安全与操作规范系列精品教材

环境科学与工程实验室安全与操作规范

主　编　张延荣

副主编　纪　丽

参　编　汪晓光　潘鸿辉　孙明辉

　　　　熊志伟　孙　鹏　张　玉

　　　　杨　威　朱泽东　王　钊

编委单位　华中科技大学环境科学与工程学院

华中科技大学出版社

http://www.hustp.com

中国·武汉

内 容 简 介

本书为普通高等院校实验室安全与操作规范系列精品教材。

本书共分为 5 章，第 1 章为环境科学与工程实验室基本安全知识，第 2 章为化学试剂安全使用规范，第 3 章为环境科学与工程实验操作规范及注意事项，第 4 章为环境科学与工程实验室常用仪器安全操作规范，第 5 章为实验室安全及事故处理。

本书可作为环境科学与工程相关专业学生安全培训教材，也可作为环境科学与工程实验研究人员、管理人员的参考书。

图书在版编目(CIP)数据

环境科学与工程实验室安全与操作规范/张延荣主编. —武汉：华中科技大学出版社，2021.1
ISBN 978-7-5680-1443-4

Ⅰ. ①环… Ⅱ. ①张… Ⅲ. ①环境科学-实验室管理-安全管理-高等学校-教材 ②环境科学-实验室管理-技术操作规程-高等学校-教材 Ⅳ. ①X-33

中国版本图书馆 CIP 数据核字(2020)第 250186 号

环境科学与工程实验室安全与操作规范 张延荣 主编
Huanjing Kexue yu Gongcheng Shiyanshi Anquan yu Caozuo Guifan

策划编辑：罗 伟
责任编辑：丁 平
封面设计：原色设计
责任校对：张会军
责任监印：周治超
出版发行：华中科技大学出版社(中国·武汉) 电话：(027)81321913
　　　　　武汉市东湖新技术开发区华工科技园 邮编：430223
录　　排：华中科技大学惠友文印中心
印　　刷：武汉科源印刷设计有限公司
开　　本：787mm×1092mm　1/16
印　　张：7.25
字　　数：163 千字
版　　次：2021 年 1 月第 1 版第 1 次印刷
定　　价：36.00 元

本书若有印装质量问题，请向出版社营销中心调换
全国免费服务热线：400-6679-118　竭诚为您服务
版权所有　侵权必究

普通高等院校实验室安全与操作规范系列
精品教材丛书编委会

总主编 李震彪

编　委（按姓氏笔画排序）

马彦琳　王峻峰　毛勇杰　尹　仕　卢群伟　朱宏平

苏　莉　杨　光　杨　明　吴雄文　余上斌　张延荣

陈　刚　周莉萍　项光亚　姚　平　秦选斌　龚跃法

秘　书 罗　伟　余伯仲

网络增值服务使用说明

欢迎使用华中科技大学出版社医学资源网yixue.hustp.com

1.教师使用流程

（1）登录网址：**http://yixue.hustp.com** (注册时请选择教师用户)

（2）审核通过后，您可以在网站使用以下功能：

管理学生

建立课程　　　　　　　　　布置作业

下载教学
资源　　　　　　教师　　　　　查询学生学习
　　　　　　　　　　　　　　　记录等

2.学员使用流程

建议学员在PC端完成注册、登录、完善个人信息的操作。

（1）PC端学员操作步骤

①登录网址：**http://yixue.hustp.com** (注册时请选择普通用户)

②查看课程资源

如有学习码，请在个人中心-学习码验证中先验证，再进行操作。

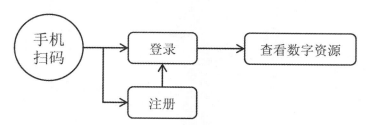

（2）手机端扫码操作步骤

总序

Zongxu

　　高等院校实验室安全,与教学、科研、大学排名相比,孰轻孰重?毫无疑问,安全永远居第一位。对于大学而言,安全是1,教学、科研、大学排名、专业排名、出人才、出成果等均是1后面的0。对于大学师生来说,也是一样,安全与健康是人生的1,家庭、事业、地位、成就等,是1后面的0。若1不存在了,后面的0就是空,只有有了前面的1,后面的0才有意义。1乃生命之树,0乃树上之花,树若不在,花何以存?!

　　然而,知易行难。

　　2018年12月,北京某大学环境工程实验室进行垃圾渗滤液污水处理实验时发生爆炸,事故造成3人死亡。2016年9月,位于松江大学园区的某大学化学化工与生物工程学院一实验室发生爆炸,两名学生受重伤。2015年12月,北京某大学一名博士后在实验室内使用氢气做化学实验时发生爆炸,不幸遇难。2015年4月,位于徐州的某大学化工学院一实验室发生爆炸事故,多人受伤,1人死亡。2012年1月佛罗里达大学一实验室发生爆炸,一名博士生面部、手部和身体严重烧伤。2010年1月,美国得克萨斯理工大学化学与生物化学实验室发生爆炸,一名学生失去三根手指,手和脸部被烧伤,一只眼睛被化学物质灼伤。2010年,东北某大学师生在实验中使用了未经检疫的山羊,导致27名学生和1名教师陆续确诊布鲁菌病。2009年,浙江某大学化学系教师误将本应接入307室的CO气体通入211室的输气管,导致一名学生中毒死亡。

　　惨痛的事故教训表明,98%的实验室安全事故是"人的不安全行为"引发的,包括相关的领导和实验人员的不重视、安全管理松松垮垮、安全知识学习不认真、安全培训不扎实、安全防范不到位等。所以,对于高校的各级领导和教职工来说,不顾及、不重视实验室安全工作,就等于"谋财害命、违法犯罪",其所谓的教学科研不仅无益于人才培养,反而悖逆教育宗旨、祸害学生、贻害社会。对于高校的学生来说,不顾及、不重视安全及风险防范的实验工作,就等于"自害自杀",害己害家,这不是勇敢,而是鲁莽、草率和不负责任。每一名因事故受伤害的师生,都牵连着一个或多个家庭的幸福与未来;每一桩安全事故,都会造成社会大众对高校内部治理能力的质疑与高校社会形象的巨大贬损。

　　实验室安全,责任如山;安全无小事,责任大如天。最大限度消除"人的不安全行为",最大限度保障实验室安全,涉及许多方面的工作,也是见仁见智。最基础的共性工作肯定离不开安全知识的学习、安全操作规范的培训,以及制度保障和软硬件支撑条件保障等。华中科技大学在实验室安全管理方面,近几年来不断提高认识,加强安全管理能力建设,构建了"1-3-3"安全管理模式,即一项认识、三项保障(组织保障、队伍保障、制度保障)、三个抓手(风险一口清、软硬件支撑条件建设、预防工作),积累了一些安全管理经验,也取得了一些成绩,学校实验室安全管理总体处于较好状态。这其中,有邵新宇书记、李元元校长、湛毅青副校长的大力支持、关心和指导,有实验室与设备管理处同志们的积极钻研、主动作为、默默奉献,更有各学院的书记、院长、安全员、实验室主任和其他教职工的明确责任、转变观念、履职尽责。

安全管理,没有最好,只有更好,永远在路上。为了进一步提高大学实验室安全管理水平,在校领导的支持下,华中科技大学实验室与设备管理处与华中科技大学出版社合作,组织部分院系专家分学科编写实验室安全与操作规范,并力争形成系列丛书,为各个学科的实验室安全知识学习及操作规范培训提供教材。本丛书的特点包括突出学科性,紧密结合学科实验实际,重视安全操作基本规范的教育,图文并茂。

感谢华中科技大学化学与化工学院、基础医学院、药学院、环境科学与工程学院、电气与电子工程学院、机械科学与工程学院、材料科学与工程学院、物理学院、公共卫生学院等学院领导和专家的辛勤付出。他们在工作之余,加班加点、尽心竭力,才使得这套丛书顺利出版。在这套丛书策划与组织编写的过程中,出版社傅蓉书记、王连弟副社长给予了大力支持和指导,在此一并表示感谢。

期待这套实验室安全丛书的出版能够助力包括华中科技大学在内的全国高等院校实验室安全管理再上新台阶!祝愿全国实验室天天平安、年年平安、人人平安!

李霄峰

华中科技大学实验室与设备管理处处长

前言

Qianyan

实验室是高等院校开展教学、科研和社会服务的重要场所,是培养创新人才、建设一流学科的重要条件。环境科学与工程是一门实践性和综合性很强的学科,实验教学对学生理解理论知识、培养动手操作能力至关重要。但环境科学与工程实验室涉及的实验众多,包括环境监测、大气和水污染控制实验等,通常占地面积大、人员复杂、仪器装置多样,且试剂种类繁多,使得环境科学与工程实验室安全问题日益突出。为此,编者编写了《环境科学与工程实验室安全与操作规范》一书,旨在为环境科学与工程实验室的安全管理及规范操作提供借鉴。

全书内容共分为5章。第1章为环境科学与工程实验室基本安全知识,详细阐述用水、用电、用气和用光的基本安全操作规程,并提供实验室危险源识别及控制措施。第2章为化学试剂安全使用规范,这一章以理化性质不稳定及有毒有害试剂等危险化学品为对象,阐明其危险特性、安全使用规范、储运要求及废弃物处理方法。第3章为环境科学与工程实验操作规范及注意事项,分析在液、气和固类实验操作中容易引发安全事故的操作节点,提出注意事项及有效防范措施。第4章为环境科学与工程实验室常用仪器安全操作规范,归纳总结环境科学与工程实验室常用仪器设备的操作规范,并提供切实有效的安全防范措施。第5章为实验室安全及事故处理,分析事故的原因并提出事故应急处理措施,以期让读者汲取相关经验教训,加强实验室安全管理,降低个人伤害风险及减少公共财产损失。

全书由华中科技大学环境科学与工程学院张延荣课题组组织编写。由于实验室安全与操作规范涉及面广,相关知识零散繁杂,内容组织起来难度较大,加上编者水平和编写时间有限,书中难免有不妥和疏漏之处,恳请广大师生批评指正。

编　者

目录

Mulu

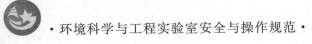

第 1 章 环境科学与工程实验室基本安全知识

近年来,高校实验室危险事故频发。2006 年至今,已至少有 12 所高校发生了 14 起事故,安全状况不容忽视。教育部重申,高校要加强实验室安全管理。我们知道,实验室中的任何一个隐患、任何一个小小的疏忽,都有可能酿成大的事故,并造成难以估量的损失。为落实实验室相关安全规定和切实保障实验室相关人员的安全,现对环境科学与工程实验室所涉及的基本安全知识进行阐述,主要包含用水安全、用电安全及用气安全等。

1.1 环境科学与工程实验室基本安全知识

在环境科学与工程实验室从事教学和科学研究活动均需学习和掌握相关基本安全知识,以保障相关人员的安全。

(1) 实验室应成为精神文明的良好工作场所,室内应保持安静、整洁,非实验室有关人员未经允许不得进入本实验室,如外室人员需使用本室仪器等需经有关负责人批准。

(2) 实验时必须穿工作服,在实验室范围内不允许抽烟;不得在实验室过夜。保持各实验室及休息室的整洁。

(3) 按操作规程使用实验仪器设备,爱惜试剂。使用有关仪器和试剂前仔细阅读有关说明书,不懂即问。

(4) 冰箱内不得存放易爆物品,对存放有机溶剂的冰箱,要经常打开冰箱门使气体挥发,防止易燃气体在冰箱内凝聚而引起爆炸。

(5) 实验室内不得乱拉电线,所有仪器设备的电线、插头、插座和接线板必须符合用电要求,若有损坏,及时维修。

(6) 使用明火时必须有人看守。严禁在实验室内用煤气、电炉烹调食物、热饭菜及取暖等,严禁在实验室内使用违章大功率电器或者劣质电器。

(7) 禁止往水槽内倒入容易堵塞下水道的杂物和强酸、强碱及有毒、有害有机溶剂。含有机溶剂、腐蚀性液体及放射性液体的废液必须存放于专用废液容器内,贴上标签,放置在指定地点,统一回收处理。水槽内禁止堆放物品,尤其是容易飘浮的物品,保证下水道畅通。

(8) 实验室贵重物品如手提电脑、照相机和投影仪等使用完毕必须放入橱箱并上锁。办公桌内勿存放现金及有价证券等。

(9) 实验室和办公室钥匙必须妥善保管,不得转借,不准私配钥匙,若有遗失必须及时汇报,课题结束后及时上交。

（10）假日加班和夜间工作需特别注意安全,主动关心安全工作。离开实验室之前,应先切断或关闭水、煤气及不使用的设备电源,并关好门窗,及时消除安全隐患。

（11）各实验室的仪器设备、物品不得挪动、转移到其他房间,所有的实验仪器、书籍不得私自带离实验室,如有必要须向实验室管理人员申请。

（12）实验室停水后需及时关水龙头,否则重新来水时极易导致实验室地面溢水（图1.1）。

图1.1　停水后忘关水源导致次日的水漫金山

1.2　环境科学与工程实验室用水安全

1.2.1　环境科学与工程实验室用水分类

在环境科学与工程实验室中,水常用来配制溶液、维持需水仪器的正常运行及清洗实验器皿等。按照纯度级别由低到高的顺序,实验室用水可分为纯水、去离子水、实验室Ⅱ级纯水和超纯水。实验过程中应根据具体实验内容和需求选取纯度合适的实验室用水。实验室用水标准可参照中国国家标准化管理委员会发布的国家标准（GB/T 6682—2008）,以保障实验结果的准确和仪器设备的安全。

（1）纯水纯化水平最低,电导率通常在 $1.0\sim50~\mu S/cm$ 之间。它由单一弱碱性阴离子交换树脂、反渗透或单次蒸馏制得。典型的应用包括玻璃器皿的清洗及高压灭菌器、恒温恒湿实验箱和清洗机用水。

（2）去离子水电导率通常在 $0.1\sim1.0~\mu S/cm$ 之间。通过采用含强阴离子交换树脂的混合床进行离子交换制得,但它有相对高的有机物和细菌污染水平,能满足多种需求,如清洗、制备分析标准样、制备试剂和稀释样品等。

（3）实验室 Ⅱ 级纯水电导率＜1.0 $\mu S/cm$，总有机碳（TOC）含量小于 50 $\mu g/L$ 以及细菌含量低于 1 CFU/mL。其可满足多种需求，从试剂制备和溶液稀释，到为细胞培养配制营养液和微生物研究。这种纯水可通过双蒸制得，或整合反渗透（RO）和离子交换/电去离子（EDI）多种技术制得，也可以再结合吸附介质和 UV 灯制备。

（4）超纯水在电阻率、有机物含量、颗粒和细菌含量方面接近理论纯度极限，通过离子交换、RO 膜或蒸馏手段预纯化，再经过核子级离子交换纯化得到。通常超纯水的电阻率可达 18.2 $M\Omega \cdot cm$，TOC 含量小于 10 $\mu g/L$，滤除 0.1 μm 甚至更小的颗粒，细菌含量低于 1 CFU/mL。超纯水可满足多种精密分析实验的需求，如高效液相色谱（HPLC）、离子色谱（IC）和电感耦合等离子体质谱（ICP-MS）等。目前，多数实验室装备有超纯水仪。

1.2.2 环境科学与工程实验室超纯水仪的使用常识

（1）取超纯水时一定要将初期的超纯水放掉，以获得稳定的水质。

（2）取水时让超纯水顺着容器侧壁流入，尽量不要产生气泡，可减少空气污染。

（3）不要在终端滤器后连接软管，使用直接取水的方式才能获得纯度高的超纯水。

（4）长时间不用超纯水仪时，应将压力储水桶中的 RO 水全部放掉以防止污染。

（5）超纯水仪若长时间不使用，再次使用时应把初期超纯水充分放掉以确保水质。

（6）原则上，超纯水仪应每 7～10 天通水一次，以防止微生物污染。

（7）在配制高纯度化学试剂时，尽量不要使用储水桶中长时间存放的超纯水。因为储水桶经长时间使用后，会因杂质、微生物污染而造成水质下降。

（8）超纯水被取出后很容易遭到环境污染，所以应注意即取即用。只有把超纯水与环境接触的时间缩到最短，才能够获得纯度极高的超纯水。

1.3 环境科学与工程实验室用电安全

1.3.1 环境科学与工程实验室常用电的分类

环境科学与工程实验室的常用电有直流电和交流电两种。直流电电源常见的有干电池、蓄电池等，也可通过转换器、整流器（阻止电流反方向流动）以及过滤器（消除整流器流出的电流中的跳动）将交流电转变为直流电。实验室内常用的计算机硬件、万用表、便携式紫外分析仪等都需要直流电来提供电源。交流电包括三相电、两相电和单相电。三相电由三根相线组成，三根相线之间电压都是 380 V，常用于三相电源供电设备和特殊要求设备，如三相电动机、−80 ℃ 冰箱等。两相电由两根相线组成，电压也是 380 V，常用于交流焊机等设备。单相电由一根火线与一根零线组成，火线就是电路中输送电的电源线，零线主要应用于工作回路，从变压器中性点接地后引出主干线，电压为 220 V。常用于照明、家用电器等。实验室的照明设备以及常用仪器设备均用单相电。

1.3.2 环境科学与工程实验室常用电的基本安全知识

（1）中国居民用电电压为 220 V。当电压高于 36 V、电流高于 10 mA 时，会发生人体触电危险。

（2）实验室常用电源插座包括单相两孔、单相三孔及三相四孔等，其中三孔和四孔插座有专用的保护接零或接地线插孔，该插孔一定要和实验室的零线、地线相连。三孔插座的上孔接地线，左孔接零线，右孔接火线。两孔插座的左孔接零线，右孔接火线。国内标准插座中红色表示火线（live，L），蓝色表示零线（neutral，N），黄绿相间色表示地线（earth，E），俗称花线。明装插座在安装时离地高度不得低于 1.3 m，暗装插座离地高度通常为 0.2～0.5 m。插座必须严格按国家标准安装，杜绝安全隐患。

（3）连接电路前应考虑电器和插座的功率是否相符合，确认所用电器的功率之和不超过插座的额定功率。如超过额定功率，插座会因电流过大而发热烧毁，严重时甚至会造成火灾。

（4）安装电闸和电器时必须使用标准且型号相符的保险丝，严禁使用其他金属丝线代替，否则容易使电器损坏，甚至造成火灾。

（5）实验室发生瞬间断电或电压波动较大时，须断开某些大功率仪器或设备的电源，供电稳定后再启用。例如 −80 ℃ 冰箱，断电后又在 3～5 min 内恢复供电，其压缩机所承受的启动电流要比正常启动电流大好几倍，压缩机可能会烧毁。

（6）使用实验室电器时，先插插头，再接电源；停用时则先关闭电源，再拔出插头。

（7）在实验室配制液体样品时应注意远离电源，防止引起线路短路。

（8）禁止私拉、乱接电线。电器的电源线破损时，须切断电源并更换电源线。

（9）禁止随意移动带电的仪器设备，如需移动，必须先切断电源，防止触电。

（10）禁止用湿手接触带电开关和设备，以及拔、插电源插头，更换电气元件或灯泡。禁止用湿布擦抹带电设备。

（11）检查和修理电器时，必须先断开电源。如电器损坏，需请专业人员或送维修店修理，严禁非专业人员在带电情况下打开电器自行修理。

1.3.3 用电事故处理

（1）发生触电事故时，救护者不能直接同触电者发生身体接触。应立刻关掉电源总开关，然后用干燥的木棒将人和电线分开，并拨打 120 求助。同时对触电者进行以下救护措施：①解开妨碍触电者呼吸的紧身衣服；②检查触电者的口腔，清理口腔黏液，如有假牙，应取下；③若呼吸停止，采用口对口人工呼吸法抢救，若心脏停止跳动或不规则颤动，可用人工胸外心脏按压法抢救，决不可无故放弃救助。

（2）万一发生火灾，首先应想办法迅速切断火灾范围内电源。如果火灾是电气方面引起的，切断了电源，也就切断了起火的火源；如果火灾不是电气方面引起的，也会烧坏电线的绝缘外皮。若不切断电源，烧坏的电线会造成短路，引起更大范围的电线着火。

（3）发生电气火灾后，应盖土、盖沙或使用灭火器，但决不能使用泡沫灭火器，因泡沫灭火剂是导电的。

1.4 环境科学与工程实验室用气安全

1.4.1 实验室常用气体

实验室常用气体主要有二氧化碳、氧气、氮气、一氧化氮、氢气、天然气和压缩空气等,这些气体有些属于助燃、易燃、有毒气体。因此须了解环境科学与工程实验室常用气体的种类、性质、用途及标志(表 1.1),以免发生事故。充装气体的钢瓶外表面涂色和字样见中华人民共和国国家标准《气瓶颜色标志》(GB/T 7144—2016)。

表 1.1　实验室常用气体种类、性质、用途及标志

名　　称	性　　质	用　　途	钢瓶安全标志	
			标签字色	钢瓶颜色
氢气(H_2)	易燃	燃烧反应等	大红	淡绿
氧气(O_2)	助燃	燃烧反应等	黑	淡(酞)蓝
天然气	易燃	燃烧反应	白	棕
一氧化氮(NO)	有毒	氧化反应	黑	白
二氧化碳(CO_2)	—	能源转换催化实验	黑	铝白
氮气(N_2)	惰性气体	仪器载气等	白	黑
空气(液体)	—	催化实验等	白	黑
氩气(Ar)	惰性气体	仪器载气等	深绿	银灰
氦气(He)	惰性气体	仪器载气等	深绿	银灰
硫化氢(H_2S)	有毒	催化实验	大红	白

1.4.2 气体钢瓶的安全使用

(1)气体钢瓶应存放在阴凉、干燥且远离热源的地方,存可燃性气体的钢瓶应与氧气瓶隔开放置。

(2)气体钢瓶应直立存储,并用专用支架固定,以免发生气体钢瓶滑倒伤人等安全事故(图 1.2)。

(3)存可燃性气体的钢瓶气门螺丝为反丝,其他为正丝。

(4)不应让油和易燃有机物沾到气体钢瓶上,气体钢瓶使用时应装有减压阀和压力表,且压力表不可混用。

(5)在使用压力气体钢瓶时,操作人员应站在与气体钢瓶接口处垂直的位置上,头和身体不能正对阀门,以防压力表或阀门冲出伤人。

(6)瓶内气体不得用尽,以防空气进入,导致充气时发生危险。一般气体钢瓶的剩余压力应不小于 0.5 MPa。

图 1.2　气体钢瓶未用专门支架固定导致安全事故

（7）搬运时应小心轻放，并旋紧气体钢瓶帽。

（8）定期将气体钢瓶送检，使用中的气体钢瓶应严格按照规定年限检查，不合格的气体钢瓶严禁继续使用。

1.5　环境科学与工程实验室用光安全

1.5.1　光的分类

光是由光子组成的粒子流，也是高频的电磁波。人眼可见的电磁波称为可见光，人眼看不到的电磁波有红外光、紫外光和射线。

（1）可见光（visible light）：波长范围是 $0.39 \sim 0.76~\mu m$，主要天然光源是太阳，人工光源是白炽物体（特别是白炽灯）。太阳光中的可见光呈白色，但通过棱镜时，可见光根据波长不同可分为红、橙、黄、绿、蓝、靛、紫七色。红光波长为 $0.62 \sim 0.76~\mu m$，橙光波长为 $0.59 \sim 0.62~\mu m$，黄光波长为 $0.57 \sim 0.59~\mu m$，绿光波长为 $0.49 \sim 0.57~\mu m$，蓝光和靛光波长为 $0.45 \sim 0.49~\mu m$，紫光波长为 $0.40 \sim 0.45~\mu m$。

（2）红外光（infrared light）：亦称红外线，波长范围为 $0.76 \sim 1000~\mu m$，在光谱中它排在可见光红光的外侧，所以叫红外光。

（3）紫外光（ultraviolet light）：亦称紫外线，波长范围为 $0.01 \sim 0.40~\mu m$。在光谱中，它排在可见光紫光的外侧，故称紫外光。

（4）射线（ray）：波长较紫外光更短的电磁波，包括 X 射线、γ 射线、α 射线、β 射线等。射线具有能量高、穿透力强的特点。

（5）激光（light amplification by stimulated emission of radiation，laser）：Laser（激光）是受激辐射光放大（light amplification by stimulated emission of radiation）的英文首

字母缩写,又译作镭射、雷射。它是指通过受激辐射放大和必要的反馈,产生准直、单色、相干光束的过程。激光具有普通光所不具有的特点,即三好(单色性好、相干性好、方向性好)一高(亮度高)。

1.5.2 光的安全使用规范及注意事项

环境科学与工程实验室常用到紫外线和射线,紫外线主要用于实验室紫外消毒、光(电)催化实验,射线则主要用作大型仪器的光源,如 X 射线荧光分析仪(XRF)、X 射线衍射仪(XRD)等。下面分别以紫外线和 X 射线为例介绍实验室用光安全及使用规范。

1.5.2.1 紫外线安全使用规范及注意事项

(1)人不能暴露在紫外线下。紫外线对人体的危害大,如果直接照射皮肤、眼睛等器官,会因形成 DNA 胸腺嘧啶二聚体,导致 DNA 链变异,从而对操作人员健康造成损害。因此开启紫外灯时要保证现场没有人,操作时眼睛不能直视紫外灯,如有必要需佩戴防护眼镜。

(2)室内空气消毒要求每立方米不少于 1.5 W,照射时间不少于 30 min,灯管距离地面 2.0 m 左右,不可过高或过低。

(3)空气消毒时,房间内应保持清洁干燥,减少尘埃和水雾。当温度低于 20 ℃或高于 40 ℃或者相对湿度大于 60%时,应适当延长照射时间。

(4)消毒物体表面时,灯管距离物体表面不得超过 1 m,并直接照射物体表面,且应达到足够的照射剂量,如杀细菌芽孢时应达到 100000 μW·s/cm^2。

(5)紫外灯使用 3~6 个月后,应用紫外线辐射照度仪进行强度检测。新灯照射强度 ≥100 μW/cm^2 为合格,使用中紫外灯照射强度≥7 μW/cm^2 为合格。

(6)使用中应保持灯管表面洁净和透明,每周用酒精棉球擦拭一次,以免影响紫外线的穿透及辐射强度。

(7)每支灯管须有使用记录,包括使用时间、使用人、测定辐射强度及更换时间等。

1.5.2.2 X 射线安全使用规范及注意事项

(1)使用前必须经过院系相关负责人批准。

(2)使用 X 射线的工作人员必须经过岗前培训,并经过辐射安全防护培训。

(3)要正确使用 X 射线装置,严格遵守操作规程和规章制度,杜绝非法操作。

(4)仪器使用时,要佩戴个人剂量笔和个人剂量报警仪。

(5)发生放射事故时,要立即上报相关部门,并采取有效措施,不得拖延或者隐瞒不报。

▎ 1.6 环境科学与工程实验室危险源识别及控制措施 ▎

根据实验室开展的检验项目、使用药品及设备危险程度,识别实验室的危险源,并制订相应控制措施(表 1.2)。

表 1.2　实验室危险源标志及控制措施

工作步骤	潜在隐患	控制措施	标　　志
微生物室紫外线杀菌	辐射伤害	操作人员避免直接接触紫外线;关闭紫外灯 30 min 后,再进行工作	当心电离辐射
	破损灯管划伤	将玻璃碎片清理干净;当紫外灯使用时间达到 300 h,及时更换灯管	
硫酸、盐酸、硝酸的储存及使用	皮肤灼伤	危险化学品双人双锁管理;存放强酸区贴有醒目标志,并配有应急用的沙土;配有防护桶、防护手套、防护围裙、防护靴等防护用品	必须戴防护手套　必须戴防护口罩
有毒有害物品的储存和使用	中毒	有毒物品的储存应双人双管;存放有毒物品的区域贴有醒目标志;使用有毒物品时佩戴一次性手套	当心中毒
易燃易爆物品的储存和使用	火灾	易燃易爆物品单独存放;药品库严禁带入火源;使用过程中远离火源、热源,在通风橱中操作;严格按照《化验室安全管理制度》使用药品	必须戴防毒面具　当心火灾
一般化学品配制和使用	危害健康	严格按照《化验室安全管理制度》使用药品	当心腐蚀
玻璃仪器的使用	划伤	小心操作,注意防护	当心伤手
加热	烫伤	取正在加热的仪器或装置时佩戴线手套	当心烫伤
高压蒸汽灭菌器	烫伤、爆炸	定期检查灭菌锅、压力表和安全阀;待灭菌器内降至常温常压后方可开启	当心爆炸　当心烫伤
使用电炉	火灾、烫伤	使用前检查电源线是否完好;电炉附近不能放置易燃物品,不使用时及时关掉电源	当心烫伤　当心触电
使用通风橱	火灾、危害健康	通风橱内禁用明火;定期维护通风橱,清理通风橱风机,保证通风效果良好	必须戴防毒面具　当心火灾

续表

工 作 步 骤	潜 在 隐 患	控 制 措 施	标 志
使用电热恒温干燥箱、马弗炉、水浴锅	触电、烫伤	使用前检查电源线是否完好;按照仪器设备操作规程进行操作	当心触电 当心烫伤
培养物废弃	致病菌污染	高压灭菌后再进行废弃处理	当心感染
使用酒精灯	爆炸或火灾	严格按照酒精灯操作规范进行操作;更换为防爆酒精灯	当心烫伤 当心爆炸
使用凯氏定氮蒸馏仪、消化炉	烫伤	蒸馏或消化时,不能直接接触高温部分	当心火灾
使用蒸馏器	火灾、触电	先加水,后通电;停水后,立即关闭蒸馏器,防止干烧;定期维护	当心火灾 当心触电
电气操作	触电	机修人员进行维修、维护,操作人员禁止湿手操作	当心触电
打扫卫生	滑倒摔伤	采取区域拖地的方式进行打扫;经过人员应特别小心	注意安全
使用洗眼器	杂质伤眼	每周检查一次,水流 3～5 min,排除管道中杂质	
使用乙炔气体	爆炸、火灾、中毒	更换气体钢瓶时检查气体钢瓶与气路接口是否漏气;气体钢瓶室严禁携带火源;气体钢瓶室须有专人管理	当心火灾 当心中毒

在线答题

扫码完成本章习题

第2章　化学试剂安全使用规范

化学试剂是环境科学与工程实验室进行教学活动和科学研究过程中开展各种实验的必需品。每种化学试剂均具有其特定的化学性质,其安全使用与否关系到实验的成败以及实验人员的人身安全和实验环境的安全。因此掌握常用化学试剂的性质及其安全使用规范是行使环境科学与工程实验室功能的基本保障。必须强调的是,即使没有任何毒性的物质,在特定的条件下,也可能成为"杀手"。如密闭的室内充满无毒无害的氮气或氩气,同样也会危及生命。

虽然我们知道许多化学试剂易燃易爆,一些化学试剂对身体有害,但是每天都要接触这些东西,安全意识也就逐渐淡薄。人员操作不慎、使用不当或粗心大意酿发的人为责任事故仍时有发生。如2002年9月24日,江苏省某高校实验室在实验过程中由于人员操作不当引起火灾,造成整栋大楼烧毁。又如广东省某高校实验室成员李某在进行实验时,往玻璃封管内加入氨水20 mL、硫酸亚铁1 g、原料4 g,欲通过油浴加热到160 ℃。但当事人在观察油浴温度时,封管突然发生爆炸,整个反应体系被完全炸碎。当事人额头受伤,幸亏当时戴了防护眼镜,才没有使双眼受到伤害。因此只有高度重视化学试剂的安全使用规范,才能有效避免化学实验事故的发生。

根据中国国家标准化管理委员会发布的《化学品分类和危险性公示　通则》(GB 13690—2009),化学品按危险性质分为理化危险、健康危险和环境危险三大类。本章将环境科学与工程实验室常用化学试剂依据其化学性质和危险性质大体分为化学性质不稳定类试剂及有毒害试剂(包括剧毒试剂、有毒有害试剂、强腐蚀性试剂)两类,这两类试剂大多隶属危险化学品(危化品)。近年来,危化品导致的安全事故频出,其中最主要的原因是危化品的乱放、混放(图2.1),各使用单位,包括工矿企业、大专院校等对危化品的

图 2.1　乱放、混放化学试剂导致危险

安全管理需进一步强化。本章首先介绍危化品的安全管理措施,后对两类试剂分别进行详细阐述。

2.1　危险化学品安全管理措施

2.1.1　危险化学品

危险化学品包括以下种类:①原国家安全生产监督管理总局等 10 部门联合公布的《危险化学品名录》(2015 版)中的剧毒化学品和非剧毒化学品;②中华人民共和国公安部公布的《易制爆危险化学品名录》(2017 年版)中的化学品;③中华人民共和国国务院公布的《易制毒化学品的分类和品种目录》中的化学品;④原国家食品药品监督管理总局等 3 部门联合公布的《麻醉药品品种目录》和《精神药品品种目录》中的药品;⑤中华人民共和国国务院公布的《医疗用毒性药品目录》中的药品。

危险化学品的管理包括从购买、入库、存放、使用到处置、台账记录及日常安全检查全过程。

2.1.2　申购和运输

由申购人或申购部门提出申请,报请相关行政主管部门审核后方可实施采购,购置的危险化学品须严格按照国家相关法律法规进行运输。严禁随身携带、夹带危险化学品乘坐公共交通工具。

2.1.3　入库与备案

购置的危险化学品须在到货当日办理入库手续。手续包括如下内容:①基于采购合同或供货清单、发票,核对危险化学品的名称和数量,确认上述各项相互一致后,建立危险化学品入库登记台账;②相关责任人核查危险化学品的存放条件,确认安全措施到位、存放规范后在供货清单上签字并将供货清单复印件存档。

2.1.4　存放与保管

购置的危险化学品应按规定存放在专用储存室(柜)内,并设专人(必须是经过专业培训的在职人员)管理。根据所存放危险化学品的种类和危险特性,在储存危险化学品的场所设置相应的防盗、监测、监控、通风、防晒、调温、防火、灭火、防爆、泄压、防毒、中和、防潮、防雷、防静电、防腐、防泄漏以及防护围堤或者隔离操作等安全设施、设备,定期检测、维护安全设施、设备,确保其正常运行。走廊等公共场所不得存放危险化学品。

危险化学品应根据国家规定的安全要求分类分项存放,不同类别危险化学品的存放应达到规定的安全距离,需特别注意如下要点:①易燃易爆危险化学品必须根据各自不同的危险特性,分类分项存放在易燃易爆储存柜内,不得混存;②遇火、遇潮时容易燃烧、爆炸或产生有毒气体的危险化学品不得在露天、潮湿、漏雨和低洼容易积水的地点存放;

③受阳光照射容易燃烧、爆炸或产生有毒气体的危险化学品和桶装、罐装等易燃液体、气体应当在阴凉通风的地点存放;④化学性质或防火、灭火方法相互抵触的危险化学品,不得在同一储存室(柜)存放。

剧毒化学品、麻醉药品和精神药品须储存在保险柜内,并在存放场所安装监控设施,对此类化学品的管理应做到双人收发、双人记账、双人双锁、双人运输、双人使用。剧毒化学品管理人员须取得上岗资格证后方可上岗。

易制毒(爆)化学品、医疗用毒性药品储存柜须上锁。

危险化学品专用储存室(柜)应在醒目的位置设置警示标志和指示牌,指示牌上必须注明负责人姓名及联系方式,以及所有存放的危险化学品的名称、危险特性、预防措施、应急措施等相关信息。

易燃、易爆、腐蚀、助燃、剧毒等压缩气体的存放须符合相关安全规定,尤其应注意:①气体钢瓶应存放在通风良好的场所,并有固定措施;②容易引起燃烧、爆炸的不相容(相互反应)气体必须分开存放;③气体钢瓶不可靠近热源或火源。

2.1.5　领用与使用

相关人员应根据工作需要向负责管理危险化学品的人员领用危险化学品,领取时须按要求做好领用记录。当日未使用完的危险化学品须返回保险柜或专用储存室(柜)内,并做好相应记录。对于管制类化学品,领用时须精确计量和记载,防止丢失、被盗、误领、误用,做到"随用随领",不得多领,使用时须按要求做好使用记录。使用危险化学品时应严格按照操作规程规范操作、确保安全,需特别注意如下要点:①危险化学品使用人员事先应经过培训和指导,掌握安全操作方法及有关防护知识;②剧毒化学品使用人员须取得上岗资格证;③使用爆炸性、有毒物品时,应在通风良好的条件下进行;④使用过程中,操作人员穿戴的防护用品和采取的安全措施必须与操作内容的安全等级相匹配;⑤使用可燃、助燃气体时应远离热源、火源;⑥禁止在实验场地留宿,夜间进行实验时必须有两人以上在场。

2.1.6　废弃物处置

指定专人负责本单位危险化学品废弃物的收集、存放等管理工作。应按照相关规定将产生的危险化学品废弃物分类盛装在容器内,并做好产废记录。应当使用符合标准的容器盛装危险化学品废弃物。用后多余的、新产生的或失效(包括标签丢失、模糊)的危险化学品以及危险化学品的包装、容器均须按危险化学品废弃物处置。实验产生的废气应达到国家相关排放标准后排放,未达标的应采取中和、吸收等措施处理,达标后排放。对于失效的麻醉药品和精神药品,应报送行政主管部门,由行政主管部门负责处置。

盛装危险化学品废弃物时需特别注意:①在常温常压下,易燃、易爆及排出有毒气体的危险化学品废弃物必须进行预处理,使之稳定后储存,否则按易燃、易爆危险品储存;②高浓度的无机废液须经中和、分解等处理,确认安全后,方可倒入废液容器,禁止将不相容的废弃物在同一容器内混装;③装载液体、半固体危险化学品废弃物的容器应留有足够空间,容器顶部与液体表面之间距离保留100 mm以上;④无法装入常用容器的危险化学品废弃物可用防漏胶袋等盛装;⑤盛装危险化学品废弃物的容器上应粘贴统一制作的符合要求的标签,并按要求如实填写。

另外,存放危险化学品废弃物的场所需特别注意:①应防风、防雨、防晒,并远离火源、热源,保持良好的通风;②应在易燃、易爆等危险品的防护区域以外;③必须有泄漏液体收集装置、气体导出口及气体净化装置;④用以存放及装载液体、半固体危险化学品废弃物容器的地方,必须有耐腐蚀的硬化地面,且表面已进行防渗漏处理;⑤不相容的危险化学品废弃物必须分开存放,并设置隔断。

2.1.7 台账

应建立健全危险化学品的日常台账制度,包括购买、领用、使用、处置情况,并建立危险化学品废弃物的专用台账。剧毒化学品、易制毒(爆)化学品、医疗用毒性药品的专用台账的保存期限为两年;麻醉药品和精神药品专用台账的保存期限应当自药品有效期期满之日起不少于五年;危险化学品废弃物专用台账的保存期限为废弃物处置日起不少于三年。

2.1.8 安全应急措施和事故处理

使用危险化学品的单位需成立危险化学品事故应急救援小组,组长为本单位负责人,成员由具有相应安全专业知识的专家和安全管理员组成。落实危险化学品的管理责任,及时发现并消除安全隐患,最大限度预防安全事故的发生。应根据本单位危险化学品种类、性质、存放和使用情况,确定各区域的安全等级,有针对性地制订危险化学品事故应急救援预案,并报送上级部门备案。应根据本单位危险化学品种类、性质,配备相应的应急救援器材和设备,并进行定期检测和维护,保证其运行状态良好。危险化学品事故应急救援小组应每年至少组织一次本单位人员进行应急救援预案学习和演练。发生危险化学品事故(包括燃烧、爆炸、泄漏、丢失、被盗等)时,事故发生单位应立即启动危险化学品事故应急救援预案,采取有效的应急措施,同时报告上级相关部门,不得瞒报、谎报或延报。事故的发生经过和处理情况应详细记录并存档备案。对造成危险化学品事故的责任单位和个人,依照国家相关法规和学校有关规定进行处理。

2.2 化学性质不稳定类试剂

化学性质不稳定类试剂可分为易燃易爆类气体、液体、固体药品和强氧化性试剂。

2.2.1 易燃易爆类气体

2.2.1.1 爆炸物质

爆炸物质(或爆炸混合物)是本身能够通过化学反应产生气体,并且产生气体的温度、压力和速度能对周围环境造成破坏的固态或液态物质(或其混合物)。其中也包括发火物质,即使它们不放出气体。

发火物质是指通过非爆炸的自放热化学反应产生热、光、声、气体、烟或所有这些组合效应的物质。

2.2.1.2 易燃气体

易燃气体是在 20 ℃和 101.325 kPa 下,在空气中具有易燃性的气体。常见易燃气体有氢气、甲烷、丙烷、乙烯、乙烷、乙炔等,还有硫化氢。

2.2.1.3 易燃气溶胶

气溶胶是指由固体或液体小质点分散并悬浮在气体介质中形成的胶体分散体系,又称气体分散体系。其分散相为固体或液体小质点,直径为 0.001~100 μm,分散介质为气体。气溶胶喷雾罐指任何不可重新罐装的容器,该容器由金属、玻璃或塑料制成,内装强制压缩、液化或溶解的气体,包含或不包含液体、膏剂或粉末,配有释放装置,可使所装物质喷射出来,形成在气体中悬浮的固态或液态微粒或形成泡沫、膏剂或粉末。按 GB 30000.4—2013 的划分,气溶胶根据其成分、化学燃烧热,以及视具体情况根据泡沫试验(用于泡沫气溶胶)、点火距离试验和封闭空间试验(用于喷雾气溶胶)的结果分为三类,未列入类别Ⅰ或者类别Ⅱ的(极易燃烧或易燃气溶胶)应列入类别Ⅲ(不易燃气溶胶)。

1. 喷雾气溶胶

(1)在点火距离试验中,点火发生在距离不小于 75 cm,则为类别Ⅰ(极易燃烧的气溶胶,危险)。

(2)燃烧热不小于 20 kJ/g,则为类别Ⅱ(易燃气溶胶,警告)。

(3)燃烧热小于 20 kJ/g,但点火发生在距离不小于 15 cm,则为类别Ⅱ(易燃气溶胶,警告)。

(4)在封闭空间试验中,时间当量不大于 300 s/m³,或爆燃密度不大于 300 g/m³,则为类别Ⅱ(易燃气溶胶,警告)。

2. 泡沫气溶胶

(1)在泡沫试验中,火焰高度不小于 20 cm 且续燃时间不小于 2 s,或火焰高度不小于 4 cm 且续燃时间不小于 7 s,则为类别Ⅰ(极易燃烧的气溶胶,危险)。

(2)在泡沫试验中火焰高度不小于 4 cm 且续燃时间不小于 2 s,则为类别Ⅱ(易燃气溶胶,警告)。

2.2.1.4 氧化性气体

根据国家标准 GB 30000.5—2013,氧化性气体是指一般通过提供氧气,比空气更能导致或促使其他物质燃烧的任何气体。

(1)氧气:无色、无味气体。氧气自身不燃,但其氧化性较强,是大气环境下物质得以燃烧的主要元素。氧气与油脂等接触可氧化生热,此热蓄积到一定程度可自燃。

(2)氟:由含氟矿石制得,用作火箭燃料中的氧化剂,以及用于氟化物、含氟塑料及氟橡胶等的制造。腐蚀性强,有剧毒。氟能与大多数可氧化物发生强烈反应,常常引起燃烧。与水反应放热,产生有毒及腐蚀性很强的烟雾。受热后瓶内压力增大。漏气时,可对附近人畜产生生命危险。

(3)氯气:用电解食盐或食盐水的方法制得,为黄绿色有毒液化气体,毒性猛烈,有强烈刺激性气味,具有腐蚀性和极强的氧化性。氯气在日光或灯光下与其他易燃气体混合时,即发生燃烧和爆炸。金属钾(钠)在氯气中能燃烧,氯气与氢气混合后在阳光下即可发生猛烈爆炸;松节油在氯气中能自燃;氯与氮化合时,则形成易爆炸的氯化氮。空气中氯气含量达到0.1%时,人体吸入即会发生严重中毒反应。

(4)一氧化二氮:由在220 ℃条件下加热干燥的硝酸铵或无水硝酸钠和无水硫酸钠混合物制得。常温下为无色气体,有甜味,能溶于水、乙醇、乙醚和浓硫酸,是一种氧化剂。在室温时稳定,在300 ℃以上解离。吸入本品能使人狂笑。与可燃气体、油脂接触有引起燃烧爆炸的危险。

(5)二氟二氯甲烷:以四氯化碳和无水氢氟酸在五氯化锑催化剂存在下反应制得,为无色无刺激性气体,无毒不燃。受热后瓶内压力增大时,有爆裂的危险。

(6)三氟化氮:一种爆炸性物质,通常由电解 NH_4HF_2 溶液而制得,为无色气体,稍有气味,微溶于水,具有强氧化性、腐蚀性和毒害性。可与还原剂发生强烈反应,与氢气及油脂强烈反应而发生燃烧,与许多有机物接触或加热至90 ℃以上以及被撞击时,即发生剧烈的分解而爆炸。

(7)四氧化二氮:一般是由二氧化氮叠合而成,具有强氧化性、剧毒性及腐蚀性。接触碳、磷和硫有助燃作用。遇水生成硝酸和亚硝酸,腐蚀性更强。常温下部分分解为二氧化氮。二氧化氮具有麻醉神经的毒性。

2.2.1.5 压力下气体

压力下气体是指高压气体在压力等于或大于200 kPa(表压)下装入储器的气体,或液化气体及冷冻液化气体。

1. 压力下气体分类

压力下气体包括压缩气体、液化气体、溶解气体及冷冻液化气体。其中压缩空气由空气经压缩制得,在部分场合代替氧气使用。由于压缩空气具有很强的氧化性,当其与可燃气体、油脂接触时有引起着火爆炸的危险。

2. 压力下气体存放的一般原则

(1)压缩气体、液化气体之间:可燃气体与氧化性(助燃)气体混合,遇火源易着火甚至爆炸,应隔离存放。

(2)压缩气体、液化气体与自燃、遇湿易燃等易燃物品之间:剧毒、可燃、氧化性(助燃)气体均不得与甲类自燃物品同储和配装;与乙类自燃物品、遇水易燃物品(灭火方法不同)应隔离存放和配装;可燃液体、固体与剧毒、氧化性气体不得同储和配装。

(3)压缩气体、液化气体与腐蚀性物品:剧毒气体、可燃气体不可与硝酸、硫酸等强酸配装和同储,与氧化性(助燃)气体应隔离储存和配装。

(4)氧气瓶及氧气空瓶不得与油脂及含油物质、易燃物同储和配装。

2.2.2 易燃易爆类液体

一般将闪点(闪点是指在规定的实验条件下,使用某种点火源造成液体汽化而着火的最低温度)在25 ℃以下的化学试剂列入易燃试剂,它们极易挥发、遇明火即可燃烧。常见的易燃易爆试剂有醇类、醚类、胺类、苯类等,如甲醇、乙醇、乙醚、石油醚、丙酮、磷化液、氨水等。

1. 甲醇

（1）理化特性：分子式为 CH_3OH，无色透明，具有刺激性气味，易挥发、极易燃，能与水和多种有机物混溶。在环境科学与工程实验室，甲醇常被用作溶剂、甲基化试剂及色谱分析试剂等。

（2）危险特性：甲醇有毒，人口服中毒最低剂量约为 $100\ mg/kg$（体重），经口摄入 $0.3\sim1\ g/kg$ 可致死。甲醇蒸气的密度比空气大，可在较低处扩散，与空气形成爆炸性混合物，遇明火、高热也可引起燃烧爆炸。与氧化剂能发生化学反应或引起燃烧。燃烧时无火焰，可产生一氧化碳等毒性气体。能够腐蚀某些塑料、橡胶和涂料。

（3）安全操作规范：甲醇具有强挥发性和易燃性，故应在通风橱中使用，且操作时应佩戴手套和口罩，并远离热源和火种。使用完立即密封，防止蒸气泄漏。

（4）储运要求：严禁将甲醇储存于冰箱中，应存放在危险化学品专用试剂柜中且储存温度控制在 $30\ ℃$ 以下，并在试剂瓶上标注易燃易爆。禁止与氧化剂、酸类、碱金属等存放在一起。露天储罐储存时夏季要有降温措施。禁止使用易产生火花的机械设备和工具。

（5）废弃物处理：甲醇废液需存放于指定的废液桶中，定期交给相关部门进行回收，不得直接倒入下水道。

（6）灭火方法：可使用泡沫、干粉或沙土灭火。用水灭火无效。在安全防爆距离以外，使用雾状水冷却暴露的容器。

2. 乙醇

（1）理化特性：乙醇是一种具有芳香气味的无色液体，分子式是 CH_3CH_2OH。它能与水以任意比例互溶，且能够溶解多种无机物和有机物，易挥发、易燃烧。乙醇蒸气与空气混合易形成爆炸性混合物。乙醇是环境科学与工程实验室常用的试剂，可用来提取DNA 等，75% 乙醇常用于实验室消毒，更高浓度的乙醇用作酒精灯燃料。

（2）危险特性：其蒸气与空气混合易形成爆炸性混合物。乙醇与氧化剂能发生强烈反应。遇火源会引着回燃。若遇高热，容器内压力增大，有发生开裂和爆炸的危险。燃烧时发出紫色火焰。

（3）安全操作规范：乙醇具有易挥发、易燃的特性，使用过程中一定要远离火源、热源。使用酒精灯时应小心，避免喷过酒精的部位近距离靠近酒精灯火焰。

（4）储运要求：存放于阴凉、干燥处，最好存放于易燃易爆品专用化学试剂柜中。保持容器密封。应与氧化剂分开存放。对于露天储罐，夏季要有降温措施。禁止使用易产生火花的机械设备和工具。

（5）废弃物处理：无须特殊处理。

（6）灭火方法：尽可能将容器从火场移至空旷处。喷水保持火场容器冷却，直至灭火结束。

3. 乙醚

（1）理化特性：无色透明液体，有芳香气味，分子式为 $C_2H_5OC_2H_5$。微溶于水，易溶于三氯甲烷、乙醇、苯等有机溶剂。易挥发，具有易燃性、低毒性。在环境科学与工程实验室中,乙醚常用作有机萃取剂和实验动物麻醉剂等。

(2)危险特性:遇明火和高热易燃烧爆炸。可与氧化剂强烈反应。长期置于空气中可氧化成不稳定的过氧化物。其容器在火场中受热有发生爆炸的危险,与无水硝酸、浓硫酸和浓硝酸的混合物反应也会发生猛烈爆炸。其蒸气比空气重,能在较低处扩散到相当远的地方,遇明火会着火回燃。

(3)安全操作规范:由于乙醚具有神经麻醉作用且易挥发,所以需避免乙醚与皮肤直接接触,操作时应穿戴相应的全身防护用品,操作环境应远离火源,并做好防泄漏措施。

(4)储运要求:乙醚应储存于阴凉、通风的防爆试剂柜中,远离火种和热源并避免阳光直射。与氧化剂、自燃物品以及腐蚀性物品如溴、过氧化氢及硝酸等均不可同储,即使量少,也应隔离存放,并保持 2 m 以上的间距。搬运时要轻装轻卸,防止钢瓶及附件破损。

(5)废弃物处理:乙醚废液应存放于指定的废液桶中,定期交给相关部门进行回收,不得直接倒入下水道。

(6)灭火方法:尽可能将着火容器从火场中转移至空旷处。喷水保持火场容器冷却,直至灭火结束。若容器在火场中已发生变色或者从安全泄压装置中发出声音,必须马上撤离。灭火剂宜用泡沫、干粉、二氧化碳、沙土,用水灭火无效。

4. 石油醚

(1)理化特性:无色透明液体,易燃易爆,有煤油气味。不溶于水,可溶于无水乙醇、苯、氯仿和油类等多数有机溶剂。与氧化剂可强烈反应。主要用作溶剂和用于油脂处理。

(2)危险特性:石油醚蒸气与空气混合可形成爆炸性混合物,遇明火、高热会引起燃烧爆炸。燃烧时产生大量烟雾。与氧化剂能发生强烈反应。高速冲击、流动、激荡后可因产生静电火花引起燃烧爆炸。其蒸气比空气重,能在较低处扩散到相当远的地方,遇火源会着火回燃。

(3)安全操作规范:应在通风橱中使用,操作人员应戴化学安全防护眼镜,穿防静电工作服,戴橡胶耐油手套。远离任何火种、热源。避免与氧化剂接触。使用防爆型通风系统和设备。防止蒸气泄漏到工作场所的空气中。

(4)储运要求:保持容器密封。采用防爆型照明、通风设施。储存于阴凉、通风的库房。远离火种、热源。库温不宜超过 25 ℃。应与氧化剂、食用化学品分开存放,切忌同储。禁止使用易产生火花的机械设备和工具。储区应备有泄漏应急处理设备和合适的收容材料。搬运时要轻装轻卸,防止包装及容器损坏。运输途中应防暴晒、雨淋以及防高温。

(5)废弃物处理:石油醚可重复利用,若需更换,可将废弃物存放于指定的废液桶中,定期交给相关部门进行回收处理,不得直接倒入下水道。

(6)灭火方法:喷水冷却容器,可能的话将容器从火场移至空旷处。处在火场中的容器若已变色或从安全泄压装置中发出声音,必须马上撤离。灭火剂宜用泡沫、二氧化碳、干粉、沙土,用水灭火无效。

5．丙酮

（1）理化特性：丙酮又名二甲基酮，是最简单的饱和酮，分子式为 CH_3COCH_3，是一种无色透明液体，有特殊的辛辣气味。丙酮易溶于水和甲醇、乙醇、乙醚、氯仿、吡啶等有机溶剂。易燃、易挥发，化学性质较活泼。主要作为溶剂，如国标测定六价铬，以及用于炸药、塑料、橡胶等行业，也可作为合成烯酮、醋酐、碘仿等物质的重要原料。

（2）危险特性：对人体中枢神经系统具有麻痹作用，长期接触该品会出现眩晕、灼烧感、咽炎、支气管炎、乏力等。丙酮蒸气与空气混合可形成爆炸性混合物。遇明火、高热极易燃烧爆炸。与氧化剂能发生强烈反应。其蒸气比空气重，能从较低处扩散到相当远的地方。

（3）安全操作规范：应在通风橱中使用。建议操作人员佩戴过滤式防毒面具（半面罩），戴安全防护眼镜，穿防静电工作服，戴橡胶耐油手套。远离任何火种及热源，避免与氧化剂接触。使用防爆型通风系统和设备。防止蒸气泄漏到工作场所的空气中。

（4）储运要求：储存于阴凉、通风的场所，仓内温度不宜超过 29 ℃。远离火种、热源。严禁与氧化剂、还原剂、碱类、食用化学品等混装混运。运输途中应防爆、防晒、防雨淋、防高温。

（5）废弃物处理：丙酮废液应存放于指定的废液桶中，定期交给相关部门进行回收，不得直接倒入下水道。

（6）灭火方法：尽可能将容器从火场移至空旷处。喷水保持火场容器冷却，直至灭火结束。处在火场中的容器若已变色或从安全泄压装置中产生声音，必须马上撤离。灭火剂可用泡沫、干粉、二氧化碳、沙土，用水灭火无效。

6．磷化液

（1）理化特性：磷化液主要成分是磷酸二氢盐，以及适量的游离磷酸和加速剂等。为无色或淡黄色透明液体，无味或有微咸味。与水混溶，易溶于碱。主要用于金属表面喷漆之前的磷化处理。

（2）危险特性：具有腐蚀性。遇氧化剂能起反应，遇水浓度降低，遇酸浓度增加，遇碱发生中和反应产生热量。

（3）安全操作规范：操作人员应穿防酸碱工作服，戴安全防护眼镜及橡胶耐酸碱手套。避免与粉尘、碱类及活性金属粉末接触。倒空的容器可能残留有害物。稀释或配制溶液时，应小心地把酸缓慢加入水中，防止发生过热和飞溅。

（4）储运要求：储存于通风、干燥库房，远离火种、热源，避免阳光直射。应与氧化剂隔离存放。严禁与易燃物或可燃物、碱类、活性金属粉末、食用化学品等混装混运。

（5）废弃物处理：废液应采用中和法处理。

（6）灭火方法：可用大量水灭火。

7．氨水

（1）理化特性：氨水指氨气的水溶液，有强烈刺鼻气味，具弱碱性、挥发性及一定的腐蚀性，溶于水和醇类。氨水是实验室中氨的常用来源，常用作分析化学试剂（如银氨溶液的配制及铜、镍的测定等）、洗涤剂、消毒剂、生物碱浸出剂和中和剂。

（2）危险特性：吸入后对鼻、喉和肺有刺激性，引起咳嗽、气短和哮喘等。溅入眼内可造成严重损害,甚至导致失明,皮肤接触可致灼伤。易分解放出氨气,温度越高,分解速度越快,可引起爆炸。若遇高热,容器内压增大,有发生开裂和爆炸的危险。接触下列物质能引发燃烧和爆炸:三甲胺、氨基化合物、1-氯-2,4-二硝基苯、邻氯硝基苯、铂、二氟化三氧、二氧二氟化铯、卤代硼、汞、碘、溴、次氯酸盐、有机酸酐、异氰酸酯、乙酸乙烯酯、烯基氧化物、环氧氯丙烷、醛类等。

(3)安全操作规范:应佩戴导管式防毒面罩或者直接式防毒面罩(半面罩),戴橡胶手套,避免其与皮肤直接接触,操作环境应远离火源。

(4)储运要求:储存于阴凉、干燥且通风良好的仓库内。远离火种、热源。防止阳光直射。应与酸类、金属类粉末分开存放。搬运时应轻装轻卸,防止包装和容器损坏。

(5)废弃物处理:废液应存放于指定的废液桶中,定期交给相关部门进行回收处理。

(6)灭火方法:可用雾状水、二氧化碳或沙土灭火。

2.2.3　易燃易爆类固体药品

1. 易燃固体

易燃固体是指容易燃烧或通过摩擦可能引燃或助燃的固体。易于燃烧的固体为粉状、颗粒状或糊状物质,它们与火源短暂接触即可点燃,导致火焰迅速蔓延。常见的易燃固体试剂包括金属钾、钠、锂、钙及氢化铝、电石等。易燃固体在储存时应注意以下事项。

(1)自燃物品性质不稳定,可自行氧化燃烧,因此易燃物品不能与自燃物品同库储存。与乙类自燃物品亦应隔离储存。

(2)与遇湿易燃物品不能同库储存。因两者灭火方法不同,且有的性质相互抵消。

(3)与氧化剂不能同库存放。因为易燃固体都有很强的还原性,与氧化剂接触或混合有引起着火爆炸的危险。

(4)与具有氧化性的腐蚀性物品,如溴、过氧化氢、硝酸等,不可同库储存。与其他酸性腐蚀性物品可同库隔离存放,其中发孔剂 H(71011)与某些酸作用能引起燃烧,所以不宜同库存放。

(5)易燃固体之间:金属氨基化合物类、金属粉末、磷的化合物类等与其他易燃固体不宜同库储存,因为它们的灭火方法和储存保养措施不同。硝化棉、赤磷、赛璐珞、火柴等均宜专库储存。樟脑、萘、赛璐珞制品,虽属乙类易燃固体,但挥发出来的蒸气和空气混合可形成爆炸性混合气体,遇火源易引起燃烧爆炸,也宜专库储存。

2. 自燃固体

自燃固体是指即使数量少也能在与空气接触后 5 min 之内引燃的固体。自热物质是指除发火液体或固体以外,与空气反应不需要能源供应就能够自己发热的固体、液体或混合物,这类物质与发火液体或固体不同,因为这类物质只有数量很大(公斤级)并经过长时间(几小时或几天)才会燃烧。物质的自热导致自发燃烧是由于物质与空气中氧气发生反应并且所产生的热没有足够迅速地传导到外界而引起的。当热产生的速率超过热损耗的速率而达到自燃温度时,自燃便会发生。自燃固体储存时应注意以下事项。

(1)不得与爆炸品、氧化剂、氧化性气体(助燃)、易燃液体及易燃固体同库存放。

（2）黄磷和651除氧催化剂,不得与遇湿易燃物品同库存放。硼、锌、铝、锑、碳氢化合物类自燃物品与遇湿易燃物品须隔离储存。

（3）自燃物品之间:甲类自燃物品或乙类自燃物品与黄磷、651除氧催化剂不得同库存放。

（4）腐蚀性物品及溴、硝酸和过氧化氢均具有较强的氧化性,自燃物品与之不可同库存放。自燃物品与盐酸、甲酸、醋酸和碱性腐蚀品亦不可同库存放。

3. 遇湿易燃品

遇湿易燃品是通过与水作用,发生自燃或放出危险数量的易燃气体的固态或液态物质。其储存时应注意以下事项。

（1）不得与自燃物品同库存放。因为自燃物品遇空气即着火,且黄磷、651除氧催化剂等的包装用水作稳定剂,一旦包装破损或渗透,有发生着火的危险。

（2）与氧化剂不可同库存放。因为遇湿易燃物品是还原剂,遇氧化剂会剧烈反应,发生着火和爆炸。

（3）与腐蚀性物品不得同库存放。因为溴、过氧化氢、硝酸、硫酸等都具有较强的氧化性,与遇水燃烧物品接触会立即着火或爆炸。且过氧化氢还含有水,会加剧着火与爆炸。与盐酸、甲酸、醋酸和含水碱性腐蚀品如液碱等,亦应隔离存放。

（4）与含水或稳定剂是水的易燃液体,如己酸、二硫化碳等,均不得同库存放。

（5）遇湿易燃物品之间:活泼金属及其氢化物可同库存放;电石受潮后产生大量乙炔气体,包装物易发生爆炸,应单独存放;磷化钙、硫化钠、硅化镁等受潮后能产生大量易燃和自燃的毒气,因此,亦应单独存放。

2.2.4 强氧化性试剂

强氧化性试剂是指具有强氧化性的试剂,在适当条件下可放出氧发生爆炸,包括过氧化物或有强氧化能力的含氧酸及其盐。强氧化性试剂一般也具有腐蚀性,且对人体有很大伤害,使用时需要小心。高锰酸盐、重铬酸钾、无机过氧化物、硝酸、过硫酸盐、次氯酸盐、三价钴盐、有机过氧化物等都属于常见的强氧化性试剂。

1. 高锰酸钾

（1）**理化特性**:高锰酸钾是深紫色、细长的菱形结晶或颗粒,带有蓝色金属光泽,分子式是$KMnO_4$。可溶于水和碱液,微溶于甲醇、丙酮和硫酸。高锰酸钾与某些有机物或还原剂接触,如乙醇、乙醚、硫黄、磷、硫酸、过氧化氢等,易发生爆炸。环境科学与工程实验室中高锰酸钾常用作氧化剂。

（2）**危险特性**:高锰酸钾是强氧化剂。遇硫酸、铵盐或过氧化氢会发生爆炸;遇甘油、乙醇能引起自燃;与有机物、还原剂、易燃物如硫、磷等,接触或混合时有引起燃烧或爆炸的危险。

（3）**安全操作规范**:在使用高锰酸钾时要注意佩戴手套和防护眼镜,操作环境加强通风,温度不能超过30 ℃,且远离火种和热源。

（4）**储运要求**:高锰酸钾在某些条件下可以放出氧,有发生爆炸的危险,注意和还原性以及易燃易爆类物质分开存放在专柜中,须有强氧化性标志。

（5）废弃物处理：高浓度高锰酸钾具有一定的腐蚀性，需稀释到低浓度后按一般化学试剂废液处理。

（6）灭火方法：采用雾状水、沙土灭火。

2. 重铬酸钾

（1）理化特性：重铬酸钾为橙红色三斜晶体或针状晶体，分子式是 $K_2Cr_2O_7$。重铬酸钾溶于水，不溶于乙醇，有毒性。环境科学与工程实验室中重铬酸钾常用于模拟污染物或分析测定（重铬酸钾法测定水体化学需氧量（COD））。

（2）危险特性：有剧毒，对人有潜在致癌危险性。重铬酸钾为强氧化剂，遇强酸或高温时能释放出氧气，从而促使有机物燃烧。与硝酸盐、氯酸盐接触会剧烈反应，有水时与硫化钠混合能引起自燃。与还原剂、有机物、易燃物如硫、磷或金属粉末等混合，可形成爆炸性混合物。具有较强的腐蚀性。

（3）安全操作规范：可能接触其粉尘时，应佩戴头罩型电动送风过滤式防尘呼吸器。必要时，佩戴自给式呼吸器和橡胶手套，避免与皮肤直接接触，操作环境应远离火源。

（4）储运要求：保持容器密封。储存于阴凉、干燥且通风的场所。远离火种和热源。应与易燃或可燃物、还原剂、硫、磷、酸类及金属粉末等分开存放。搬运时要轻装轻卸，防止包装及容器损坏。

（5）废弃物处理：存放于指定的废液桶中，定期交给相关部门进行回收处理。

（6）灭火方法：可用雾状水或沙土灭火。

3. 过氧化氢

（1）理化特性：无色透明液体，分子式为 H_2O_2。过氧化氢可溶于水、醇和乙醚，不溶于苯、石油醚。过氧化氢含量达 $60\%\sim100\%$ 时为爆炸品，含量达 $40\%\sim60\%$ 时为一级氧化剂，市售工业品含量为 27.5% 及 35%，医药用含量为 3%。由于具有很强的氧化作用，实验过程中过氧化氢常被作为氧化剂。

（2）危险特性：致癌，有腐蚀性，为爆炸性强氧化剂。过氧化氢本身不燃，但能与可燃物反应放出大量热和氧气而引起着火和爆炸。过氧化氢在 pH 为 $3.5\sim4.5$ 时最稳定，在碱性溶液中极易分解，遇强光，特别是短波射线照射时也能发生分解。当加热到 $100\ ℃$ 以上时，开始急剧分解。它可与许多有机物如糖、淀粉、醇类及石油产品等形成爆炸性混合物，在撞击、受热或电火花作用下能发生爆炸。过氧化氢与许多无机化合物或杂质接触后会迅速分解而导致爆炸，放出大量的热、氧气和水蒸气。大多数重金属（如铁、铜、银、铅、汞、锌、钴、镍、铬、锰等）及其氧化物和盐类都是其活性催化剂，尘土、香烟灰、炭粉、铁锈等也能加速其分解。浓度超过 74% 的过氧化氢，在有适当的点火源或温度的密闭容器中，能发生气相爆炸。

（3）安全操作规范：过氧化氢具有强腐蚀性。操作过氧化氢时需要穿戴工作服和防腐防护手套。

（4）储运要求：储藏在阴凉、通风的试剂柜中，远离火种和热源，避免阳光直射，温度不超过 $30\ ℃$。过氧化氢的氧化能力强，与强氧化剂如高锰酸钾能发生猛烈氧化还原反应，与丙酮、甲酸、羧酸、乙二醇能引起爆炸。过氧化氢与各种强氧化剂、易燃液体、易燃物品应隔离存放。

（5）废弃物处理：经稀释处理之后倒入指定的废液桶中，定期交给相关部门进行回收。

（6）灭火方法：消防人员必须穿戴全身防火防毒服。尽可能将容器从火场移至空旷处。喷水保持火场容器冷却，直至灭火结束。处在火场中的容器若已变色或从安全泄压装置中发出声音，必须马上撤离。灭火剂可用雾状水、干粉、沙土。

4. 硝酸

（1）理化特性：纯硝酸为无色透明液体，浓硝酸为淡黄色液体（溶有二氧化氮），正常情况下为无色透明液体，有窒息性刺激气味，分子式为 HNO_3。浓硝酸含量为 68% 左右，易挥发，在空气中产生白雾，是硝酸蒸气与水蒸气结合而形成的硝酸小液滴。遇光能产生二氧化氮而变成棕色。有强酸性，能与乙醇、松节油、炭和其他有机物猛烈反应。能与水混溶，也可与水形成共沸混合物。对于硝酸，一般我们认为浓、稀之间的界线是 6 mol/L。浓硝酸与浓硫酸的混合液是重要的硝化试剂。浓硝酸和浓盐酸按体积比 1∶3 混合可以制成具有强腐蚀性的王水。

（2）危险特性：吸入硝酸烟雾可引起急性中毒。具强腐蚀性和强氧化性，能与多种物质如金属粉末、电石、硫化氢、松节油等猛烈反应，甚至发生爆炸。与还原剂及可燃物如糖、纤维素、木屑、棉花、稻草或废纱头等接触，可引起燃烧并散发出有剧毒的棕色烟雾。

（3）安全操作规范：应在通风橱中进行操作，操作过程中应戴橡胶手套，远离火种、热源。且避免与还原剂、碱类、醇类、碱金属接触。稀释或制备溶液时，应把酸加入水中，避免沸腾和飞溅。

（4）储运要求：应在棕色瓶中于阴凉通风处避光保存。远离火种、热源。库房温度不超过 30 ℃，相对湿度不超过 80%。保持容器密封。应与还原剂、碱类、醇类、碱金属等分开存放，切忌混储。搬运时要轻装轻卸，防止包装及容器损坏。

（5）废弃物处理：硝酸废液应稀释后倒入指定的废液桶中，定期交给相关部门进行回收处理。

（6）灭火方法：可用二氧化碳、沙土、雾状水及周围可用的灭火介质灭火。

5. 过硫酸钠

（1）理化特性：过硫酸钠也叫高硫酸钠，为白色晶状粉末，分子式为 $Na_2S_2O_8$。能溶于水。具有氧化性和刺激性。常用作漂白剂、氧化剂、乳液聚合促进剂。

（2）危险特性：属于无机氧化剂。与有机物、还原剂、易燃物如硫、磷等接触或混合时，有引起燃烧和爆炸的危险。急剧加热时可发生爆炸。

（3）安全操作规范：应在通风橱内操作。建议操作人员佩戴头罩型电动送风过滤式防尘呼吸器，穿聚乙烯防毒服，戴橡胶手套。使用过程中远离火种、热源，且避免与还原剂、活性金属粉末、碱类及醇类接触。

（4）储运要求：储存于阴凉、干燥、通风良好的库房。远离火种、热源。库房温度不超过 30 ℃，相对湿度不超过 80%。密封包装。应与还原剂、活性金属粉末、碱类、醇类等分开存放，切忌混储。搬运时要轻装轻卸，防止包装及容器损坏。禁止震动、撞击和摩擦。

（5）废弃物处理：含过硫酸钠的废液应存放于指定废液桶中，定期交给相关部门进行回收处理。

（6）灭火方法：可采用雾状水、泡沫、沙土灭火。

6. 次氯酸钙

（1）理化特性：次氯酸钙又称漂白粉，为白色粉末，有极强的氯臭味，分子式为 $Ca(ClO)_2$。其溶液为黄绿色半透明液体。常用作漂白剂、杀菌剂、消毒剂和净化剂（乙炔的净化）等。

（2）危险特性：次氯酸钙为强氧化剂，遇水、潮湿空气或油脂会引起燃烧爆炸；与碱性物质混合能引起爆炸；接触有机物有引起燃烧的危险；受热、遇酸或日光照射会分解放出有剧毒的氯气。

（3）安全操作规范：建议操作人员佩戴防尘口罩，穿胶布防毒衣，戴氯丁橡胶手套，在通风橱中进行操作。使用过程中应远离火种、热源及易燃物、可燃物，且避免与还原剂和酸类物质接触。

（4）储运要求：储存于阴凉、通风场所。远离火种、热源。库房温度不超过 30 ℃，相对湿度不超过 80%。包装要求密封，不可与空气接触。应与还原剂、酸类物质、易（可）燃物等分开存放，切忌混储。并且不宜大量储存或久存。搬运时要轻装轻卸，防止包装及容器损坏。

（5）废弃物处理：废液应存放于指定的废液桶中，定期交给相关部门回收处理。

（6）灭火方法：可用直流水、雾状水、沙土灭火。

7. 三氟化钴

（1）理化特性：三氟化钴为浅褐色粉末，室温下不稳定，易潮解为浅棕色固体，分子式为 CoF_3。三氟化钴是很常用的氟化剂，用于有机氟化物（尤其是全氟化物）的制备。

（2）危险特性：三氟化钴属于强氧化剂，具有腐蚀性。遇水或高热可发生剧烈反应，散发出白色有强刺激性和腐蚀性的氟化氢烟雾。它可与磷、钾发生猛烈的化学反应。

（3）安全操作规范：应在通风橱中操作，操作人员必须经过专门培训，严格遵守操作规程。建议操作人员佩戴防尘面具（全面罩），穿胶布防毒衣，戴橡胶手套。使用过程中远离易燃物、可燃物。避免与还原剂接触，尤其注意避免与水接触。

（4）储运要求：储存于阴凉、干燥且通风良好的库房。远离火种、热源。防止阳光直射。保持容器密封，严禁与空气接触。应与还原剂、易（可）燃物、食用化学品等分开存放，切忌混储。严禁与酸类、氧化剂、食品及食品添加剂混运。运输时应防暴晒、防雨淋、防高温。

（5）废弃物处理：应将含三氟化钴的废液存放于指定的收集容器中，定期交给相关部门回收处理。若是固体粉末废弃物则一般采用安全掩埋法处置，在能利用的地方重复使用容器或在规定场所掩埋。

（6）灭火方法：灭火时尽可能将容器从火场移至空旷处，然后根据着火原因选择适当灭火剂灭火，不可盲目灭火。

8. 过氧化二苯甲酰

（1）理化特性：为白色或淡黄色细粒，微有苦杏仁味，分子式为 $C_{14}H_{10}O_4$。溶于苯、氯仿、乙醚、丙酮和二硫化碳，微溶于水和乙醇。过氧化二苯甲酰是聚合反应中应用最广泛的引发剂。

（2）危险特性：低毒，误服有害，对眼睛、皮肤和黏膜有刺激作用。它是一种强氧化剂，易燃烧。性质极不稳定，摩擦、撞击或遇明火、高温、硫及还原剂等，均有引起着火和爆炸的危险，加入硫酸时也能引发燃烧，燃烧产生刺激性烟雾。

（3）安全操作规范：应在防爆型通风橱内操作，操作人员须经过专门培训，严格遵守操作规程。建议操作人员戴自给式呼吸器，穿防毒服，戴橡胶手套，远离火种和热源。

（4）储运要求：储藏时必须保存一定水分（30%）。储存于通风、低温的场所。远离火种、热源，避免阳光直射。库房温度不宜超过 30 ℃。禁止与还原剂、易燃物（硫、磷、酸、木炭等）及其他有机物混储，不宜久存，以免变质。运输时容器上须标有"有机过氧化物"标志。搬运过程宜轻搬轻放，禁止震动、撞击和摩擦。

（5）废弃物处理：含过氧化二苯甲酰的废液应存放于指定的废液桶中，定期交给相关部门回收处理。

（6）灭火方法：可用雾状水、抗溶性泡沫、二氧化碳灭火。

2.3 有毒害试剂

2.3.1 剧毒化学试剂

剧毒化学试剂是指具有剧烈毒性危害的试剂，包括天然毒素以及人工合成的试剂等，这些物质可通过吸入、食入，与皮肤和眼睛接触等多种方式侵入机体。半数致死量（median lethal dose 或 lethal dose 50%，简称 LD_{50}）是毒理学中描述有毒物质毒性的常用指标。剧烈急性毒性有一定的判定界限，满足以下条件之一的为剧毒试剂：大鼠实验经口 $LD_{50} \leqslant 50$ mg/kg、经皮 $LD_{50} \leqslant 200$ mg/kg、吸入 $LC_{50} \leqslant 500$ mL/m³（气体）或 2.0 mg/L（蒸气）或 0.5 mg/L（尘、雾）即可致死，如氰化钾、氰化钠、三氧化二砷、氯化汞及某些生物碱等。国家对于这些试剂的购买、使用、储存和废弃物处理等均有非常严格的规定，必须严格按规定执行。

1. 购买

环境科学与工程实验室如需购买剧毒试剂应严格执行危险试剂申购程序，按需申购，取得审批同意后方可购买，具体购买流程如下。

（1）申购人填写危险试剂申购审批表。

（2）申购人所在实验室负责人和所在单位安全管理员及分管领导审核、审批危险试剂申购审批表。

（3）对于管制类危险试剂，取得实验室和所在单位审核同意后，还需将危险试剂申购审批表及相关申请材料提交上级单位责任部门，例如实验室与设备管理处（以下简称实设处）审核同意后，根据管制类危险试剂的种类，由上级单位责任部门或申购人向行政主管部门提交购买申请。

2. 安全操作规范

使用剧毒试剂的所有人员均须取得使用资格证，操作者必须清楚试剂的物理化学性质、接受正规培训和指导、熟练掌握安全操作方法及相关防护知识。操作时必须按规定佩戴防护用具，并且确认防护用品和采取的安全措施与实验内容安全等级完全匹配。此外，使用剧毒试剂时必须有符合要求、性能正常的通风设备。操作前预先开启通风设备，然后进行实验。实验结束后，继续保持通风状态，过一段时间再关闭通风设备。

3. 储存

剧毒试剂必须按管理要求严格储存在专用储存柜内，实行专柜保管，使用时必须严格控制，并在存放场所安装监控设施。剧毒试剂专用储存柜应在醒目的位置设置警示标志和指示牌，指示牌上必须注明负责人及其联系方式以及所有存放试剂的名称、危险特性、预防措施、应急措施等相关信息。剧毒试剂的日常管理应做到"五双"——双人收发、双人记账、双人双锁、双人运输、双人使用，其中的双人使用是指使用剧毒药品时必须有两人在场，即一人操作和一人监督。剧毒试剂使用过程中操作者全程不得离开。

4. 废弃物处理

剧毒试剂的废弃物必须严格回收到指定的容器内，由专门的负责人进行处理。剧毒试剂及其相关容器严禁作为生活垃圾随意丢弃。

2.3.2 有毒有害试剂

有毒有害试剂是指在使用或处置过程中会给人、其他生物或环境带来潜在危害的生物化学试剂。环境科学与工程实验室中常见有毒有害试剂较多，例如氯仿、二苯胺、二甲苯、十二烷基硫酸钠、甲醇、溴化乙锭、二甘醇、焦碳酸二乙酯、叠氮化钠、亚精胺、N，N，N′，N′-四甲基二乙胺、三氯乙酸、丙烯酰胺以及多聚甲醛等。使用有毒有害试剂时必须严格遵守相关规定，进行安全规范操作。现选取某些试剂为例详细介绍其理化特性、安全操作规范、购买和储存及其废弃物处理。

1. 氯仿

（1）理化特性：氯仿学名为三氯甲烷，是一种无色透明液体，极易挥发，有特殊气味，不溶于水，可溶于醇、醚、苯等。对光敏感，遇光会与空气中氧气作用，逐渐分解成有毒的光气（碳酰氯）和氯化氢。氯仿可以迅速有效分离有机相和无机相，同时可以抑制 RNA 酶的活性，因此，氯仿常用于核酸分子的提取。

（2）危险特性：氯仿与明火或灼热的物体接触时能产生有剧毒的光气。在空气、水分和光的作用下，酸度增加，因而对金属有强烈的腐蚀性。

（3）健康危害：氯仿主要作用于中枢神经系统，具有麻醉作用，对心、肝、肾有损害作用。急性中毒：吸入或经皮肤吸收引起急性中毒。初期有头痛、头晕、恶心、呕吐、兴奋、皮肤湿热和黏膜刺激症状。以后呈现精神紊乱、呼吸表浅、反射消失、昏迷等，重者发生呼吸麻痹、心室纤维性颤动。同时可伴有肝、肾损害。误服中毒时，胃有烧灼感，伴恶心、呕吐、腹痛、腹泻，以后出现麻醉症状。液态氯仿可致皮炎、湿疹，甚至皮肤灼伤。慢性影响：主要引起肝脏损害，并有消化不良、乏力、头痛、失眠等症状，少数有肾损害及嗜氯仿癖。

（4）安全操作规范：氯仿挥发性极强，需在通风橱内操作。操作人员应经过专门培训，严格遵循操作规程，佩戴防毒面具、防护眼镜和防试剂手套。

（5）储存：氯仿在光照下遇空气逐渐被氧化生成有剧毒的光气，故需保存在密封的棕色试剂瓶中。常加入1‰乙醇以破坏可能生成的光气。远离火种和热源。避免与碱类、铝混合存放。

（6）废弃物处理：含有氯仿的废液应倒入指定容器中，不能随意丢弃，须交由专门机构回收处理。

2．二甲苯

（1）理化特性：二甲苯为无色透明液体，有类似甲苯的气味，有毒性、刺激性，高浓度蒸气有麻醉性。不溶于水，可混溶于乙醇、乙醚、氯仿等多种有机溶剂。主要用作化工原料和溶剂。

（2）危险特性：二甲苯蒸气与空气混合易形成爆炸性混合物，遇明火、高热能引起燃烧和爆炸。与氧化剂能发生强烈反应。其蒸气比空气重，能从较低处扩散到相当远的地方，遇火源引着回燃。若遇高热，容器内压增大，有开裂和爆炸的危险。

（3）毒性危害：二甲苯可通过吸入、食入、经皮吸收这三种途径进入人体，对皮肤、黏膜有刺激作用，对中枢神经系统有麻醉作用；长期作用可影响肝、肾功能。急性中毒：患者有咳嗽、流泪、结膜充血等症状，重症者有幻觉、神志不清等症状，有时有非癫痫性发作。慢性中毒：患者有神经衰弱综合征的表现。

（4）安全操作规范：需在通风橱中进行操作。操作人员应经过专门培训，严格遵循操作规程，穿防毒物渗透工作服，佩戴过滤式防毒面具（半面罩）、化学安全防护眼镜及橡胶耐油手套，操作时远离火种和热源。

（5）储存：保持容器密封，储存于阴凉、通风的库房。采用防爆型照明、通风设施。远离火种、热源。库温不宜超过37 ℃。应与氧化剂分开存放，切忌混储。禁止使用易产生火花的机械设备和工具。储区应备有泄漏应急处理设备和合适的收容材料。

（6）废弃物处理：废液禁止排入下水道、地面和任何水体中，应存放于指定的废液桶中，定期交给相关部门进行回收处理。

3．叠氮化钠

（1）理化特性：叠氮化钠亦称"三氮化钠"，为白色六方系晶体，无味，无臭，纯品无吸湿性，属高毒类。不溶于乙醚，微溶于乙醇，可溶于液氨和水。虽然无可燃性，但有爆炸性。加热至40 ℃分解为氮气和金属钠，并放出大量热。与酸反应产生毒性和爆炸性很强的叠氮酸（HN_3）。叠氮化钠能和大多数碱土金属、一价或多价重金属的盐类、氢氧化物反应而生成叠氮化物，特别是与铜、铅、银、黄铜、青铜等反应，而生成爆炸性大的重金属叠氮化物。与活性有机卤化物反应，生成不稳定的有机叠氮化物。常用来配制叠氮化钠血液培养基、硫化物及硫氰酸盐的试剂。还可用于制备叠氮酸、叠氮铅和纯钠，及除草剂。因其在强烈撞击的情况下快速分解并产生大量氮气，故叠氮化钠可以用于汽车安全气囊的制造。

（2）危险特性：叠氮化钠接触明火或受到高温、摩擦、震动、撞击时可发生爆炸。与酸类剧烈反应产生爆炸性的叠氮酸。与重金属及其盐类反应形成爆炸性大的重金属叠氮化物。

（3）健康危害：叠氮化钠可通过吸入、食入、经皮吸收这三种途径进入人体。其对细胞色素氧化酶和其他酶有抑制作用,并能使体内氧合血红蛋白合成受阻,有显著的降压作用。对眼睛和皮肤有刺激性。急性中毒时出现头晕、头痛、全身无力、血压下降、心动过缓和昏迷等症状。本品在有机合成中会有叠氮酸气体逸出,吸入者也会出现与之相同的中毒症状。

(4)安全操作规范:密闭操作,提供充分的局部排气。操作人员必须经过专门培训,严格遵守操作规程。建议操作人员佩戴头罩型电动送风过滤式防尘呼吸器,穿连衣式防毒衣,戴橡胶手套。避免产生粉尘,避免与氧化剂、酸类物质及活性金属粉末接触。

(5)储存:储存于阴凉、通风良好的专用库房内,密封包装,实行"双人收发、双人保管"制度。远离火种和热源,库房温度不宜超过 37 ℃。应与氧化剂、酸类、活性金属粉末及食用化学品分开存放,切忌混储。

(6)废弃物处理:少量叠氮化钠废液可以使用次氯酸钠溶液进行销毁。大量废液应存放于指定废液桶中交给相关部门进行回收处理。

4. N,N,N′,N′-四甲基二乙胺

(1)理化特性:N,N,N′,N′-四甲基二乙胺是无色透明液体,微有腥臭味。具有神经毒性、易燃性和腐蚀性。在环境科学与工程实验中,常被用于配制 SDS-PAGE 胶等生物实验材料,还可通过催化过硫酸铵形成自由基而促进丙烯酰胺与双丙烯酰胺的聚合。

(2)危险特性:N,N,N′,N′-四甲基二乙胺为中闪点液体,遇热、明火或强氧化剂有引起燃烧的危险。

(3)健康危害:其蒸气对眼和呼吸道有刺激性。液体可致严重眼损害;对皮肤有刺激性,可致灼伤。

(4)安全操作规范:由于 N,N,N′,N′-四甲基二乙胺有挥发性且微有腥臭味,故操作时需在通风橱中进行。操作过程中需要穿实验服、戴一次性手套及口罩。

(5)储存:一般将 N,N,N′,N′-四甲基二乙胺放置在低温避光环境保存,选用棕色瓶子储存,且远离火源。用完之后应及时拧紧瓶盖,以防渗漏。

(6)废弃物处理:应将含 N,N,N′,N′-四甲基二乙胺的漏液倒入指定容器中,等待专门回收,不可直接倒入下水道。

5. 丙烯酰胺

(1)理化特性:丙烯酰胺是一种不饱和酰胺,其单体为无色透明片状结晶,能溶于水、乙醇、乙醚、丙酮和氯仿,不溶于苯及庚烷,在酸碱环境中可水解成丙烯酸,是有机合成材料的单体,是生产医药、染料、涂料的中间体。丙烯酰胺单体在室温下很稳定,但当处于熔点或以上温度、氧化条件下以及在紫外线作用下很容易发生聚合反应。当加热使其溶解时,丙烯酰胺释放出强烈的腐蚀性气体和氮的氧化物类化合物。丙烯酰胺易燃,受高热分解放出腐蚀性气体,毒性很大。丙烯酰胺是生产聚丙烯酰胺的原料。聚丙烯酰胺是常见的高分子水处理絮凝剂。

(2)危险特性:丙烯酰胺遇明火、高热可燃。若遇高热,可发生聚合反应,产生有毒的腐蚀性烟雾,同时放出大量热而引起容器破裂和爆炸事故。

(3)健康危害:丙烯酰胺是一种蓄积性神经毒物,可通过吸入、食入、经皮吸收这三种途径进入人体,从而损害神经系统。轻度中毒以周围神经损害为主;重度中毒可引起小脑病变。中毒多为慢性经过,起初为神经衰弱综合征,继之发生周围神经病变,出现四肢麻木,感觉异常,腱反射减弱或消失,抽搐,瘫痪等。重度中毒出现以小脑病变为主的中毒性脑病。出现震颤、步态紊乱、共济失调,甚至大小便失禁或尿潴留。皮肤接触本品,可发生粗糙、角化、脱屑。

(4)安全操作规范:操作场所应注意通风,操作人员应戴橡胶手套。

(5)储存:丙烯酰胺应储存于阴凉、通风的库房。远离火种、热源。包装要求密封,不可与空气接触。应与氧化剂、酸类、碱类、食用化学品分开存放,切忌混储。不宜大量储存或久存。

(6)废弃物处理:丙烯酰胺废液应存放于指定的废液桶中,定期交给相关部门进行回收处理。

2.3.3　强腐蚀性试剂

强腐蚀性试剂是指对人体皮肤、眼、消化道和呼吸道及对物品等有极强腐蚀作用的化学试剂,一般分为酸性腐蚀性试剂、碱性腐蚀性试剂以及其他腐蚀性试剂。酸性腐蚀性试剂包括浓硫酸、浓盐酸、浓硝酸、氢氟酸、乙酸等;碱性腐蚀性试剂包括氢氧化钠、氢氧化钾、硫化钠、水合肼、二环己胺、乙醇钠等;其他腐蚀性试剂包括苯酚、氟化铬、次氯酸钠、甲醛溶液等。这些试剂对人体危害较大,若人体不慎接触这些试剂,会导致皮肤烧伤、器官受损。

2.3.3.1　酸性腐蚀性试剂

1. 浓硫酸

(1)理化特性:浓硫酸是一种无色无味液体,分子式为 H_2SO_4,具有强腐蚀性、吸水性、脱水性和强氧化性等。可溶于水或醇类溶剂,溶于水时能放出大量的热。遇碱金属如钾、钠等,极易引起燃烧、爆炸。浓硫酸在环境科学与工程实验室里常用作氧化剂、玻璃器皿清洗剂等。

(2)危险特性:浓硫酸可助燃,遇水放热,可发生暴沸溅出,与易燃物(如苯)和可燃物(如糖、纤维等)接触会发生剧烈反应,甚至引起燃烧。遇电石、高氯酸盐、雷酸盐、硝酸盐、苦味酸盐、金属粉末等猛烈反应,发生爆炸或燃烧,有强烈的腐蚀性和吸水性。

(3)安全操作规范:在稀释浓硫酸时,必须戴上橡胶手套和防护眼镜,只能把浓硫酸沿着容器壁缓缓地倒入水中并不断搅拌,以避免稀释过程中释放的热灼伤皮肤,同时防止酸液飞溅灼伤皮肤。

(4)储存:浓硫酸应严格按危险化学品储存规范存放于专用试剂柜中,与氧化剂、易燃物、有机物及金属粉末等严格分开存放。

(5)废弃物处理:含浓硫酸的废液应放入指定废液存放容器中,由专门部门集中处理。

2. 浓盐酸

(1)理化特性:浓盐酸是无色透明液体。具有浓烈的刺鼻气味,能与水或乙醇以任意比例混合。浓盐酸具有强酸性,有较强的腐蚀性和挥发性。在环境科学与工程实验室中常用稀释的浓盐酸调节溶液 pH。

（2）危险特性：浓盐酸能与一些活性金属粉末发生反应，放出氢气。遇氰化物能产生有剧毒的氰化氢气体。与碱发生中和反应，并放出大量的热。具有较强的腐蚀性。

（3）安全操作规范：由于浓盐酸有强腐蚀性和强挥发性，因此取用浓盐酸时应戴防护眼镜、手套和口罩等，在通风橱中进行操作，避免吸入挥发出的浓盐酸。

（4）储存：应严格按危险化学品储存规范存放于专用试剂柜中，与碱类、碱金属、易燃物等分开存放。

（5）废弃物处理：含浓盐酸的废液要经过中和、分解等处理后倒入指定的废液存放容器中，由专门部门集中处理。

2.3.3.2 碱性腐蚀性试剂

1. 氢氧化钠

（1）理化特性：氢氧化钠又称烧碱、苛性钠，是白色易潮解固体，为一种具有强腐蚀性的强碱，分子式为 NaOH。溶于水或与酸发生中和反应时会释放出大量热。作为一种必备化学品，氢氧化钠常被用于干燥气体、调节溶液 pH 及中和废酸等。

（2）危险特性：氢氧化钠具有强腐蚀性，接触皮肤能破坏机体组织导致坏死。与酸发生中和反应并放热。遇潮时对铝、锌和锡有腐蚀性，并放出易燃易爆的氢气。遇水和水蒸气放出大量热，形成腐蚀性溶液。

（3）安全操作规范：氢氧化钠具有极强的腐蚀性，使用时可在通风橱中操作，应戴防护面罩、橡胶耐酸碱手套和穿橡胶耐酸碱工作服，且远离易燃物、可燃物，避免与酸类接触。稀释或制备溶液时，应把氢氧化钠缓慢加入水中，避免沸腾和液体飞溅。

（4）储存：氢氧化钠由于极易潮解，因此应严格密封并存放在干燥通风的地方，且远离可燃物、易燃物及酸类化学药品。

（5）废弃物处理：高浓度氢氧化钠的废液必须经中和处理，确认安全后，方可倒入废液回收容器。

2. 硫化钠

（1）理化特性：硫化钠俗称硫化碱，水溶液呈强碱性和腐蚀性。常温下纯品为无色或微紫色的棱柱形晶体，工业品因含杂质常为粉红、棕红色、土黄色块状。具有臭味。溶解于冷水，极易溶于热水，微溶于醇。在空气中潮解，同时逐渐被氧化。受撞击、高热可爆。遇酸放出有毒硫化氢气体。无水硫化钠具有可燃性。

（2）危险特性：无水硫化钠为自燃物品，其粉尘易在空气中自燃。遇酸分解，放出剧毒的易燃气体。粉体与空气可形成爆炸性混合物。其水溶液有腐蚀性和强烈的刺激性。100 ℃时开始蒸发，蒸气可侵蚀玻璃。

（3）安全操作规范：密闭操作。可能接触其粉尘时，必须佩戴自吸过滤式防尘口罩，必要时，佩戴空气呼吸器。需穿戴化学安全防护眼镜、橡胶耐酸碱服和橡胶耐酸碱手套。

（4）储存：储存于阴凉、通风的库房。远离火种、热源。库内湿度最好不大于 85%。包装要求密封。应与氧化剂、酸类分开存放，切忌混储。不宜久存，以免变质。

（5）废弃物处理：含有硫化物的废水主要是碱性废水，可进行中和处理。

2.3.3.3 其他腐蚀性试剂

1. 苯酚

(1) 理化特性:苯酚又名石炭酸、羟基苯,腐蚀性极强且有毒,常温下是一种具有特殊气味的无色针状晶体,分子式为 C_6H_5OH。苯酚的稀水溶液可直接用作防腐剂和消毒剂,也可用作溶剂和试剂,例如在实验室中提取 DNA 时,加入低浓度苯酚使蛋白质变性,加入高浓度苯酚使蛋白质沉淀。同时,苯酚也是实验室常见的模拟污染物。

(2) 危险特性:苯酚遇明火、高热可燃。对皮肤、黏膜有强烈的腐蚀作用,可抑制中枢神经或损害肝、肾功能。

(3) 安全操作规范:在通风橱中操作,操作人员须戴自吸过滤式防尘口罩、防护手套和穿防护服。操作过程中苯酚溶液要轻装轻放,不能直接倒出使用。

(4) 储存:包装要求密封,防止吸潮变质。储存于通风干燥场所,且远离火种、热源。与氧化剂、酸类及碱类化学药品隔离存放。

(5) 废弃物处理:苯酚废液应放入指定的废液存放容器中,由有资质的部门集中处理。

2. 氟化铬

(1) 理化特性:氟化铬为绿色粉末或结晶,具有腐蚀性。不溶于水和醇,微溶于酸,溶于氢氟酸。用于印染工业,用作毛织品防蛀剂、卤化催化剂、大理石硬化及着色剂。

(2) 危险特性:氟化铬具有腐蚀性,受高热分解生成氟化氢等有毒气体。

(3) 安全操作规范:操作场所应注意通风,操作人员应戴口罩,必要时佩戴防毒面具。还应穿戴安全防护眼镜、防腐工作服和橡胶手套。

(4) 储存:氟化铬储存于干燥清洁的仓库内。保持容器密封。应与碱类、食用化工原料等分开存放。搬运时要轻装轻卸,防止包装及容器损坏。

(5) 废弃物处理:含铬废液应存放于指定的废液桶中,定期交给相关部门进行回收处理。

2.3.4 致病性化学药品

2.3.4.1 致敏性药品

呼吸过敏物是指吸入人体后引起气管过敏反应的物质。皮肤过敏物是指皮肤接触后会导致过敏反应的物质。过敏反应通常包含两个阶段:第一个阶段是个体因接触某种变应原而引起特定免疫记忆;第二阶段是引发,即某一致敏个人因接触某种变应原而产生细胞介导或抗体介导的过敏反应。就呼吸过敏而言,随后为引发阶段的诱发,其型态与皮肤过敏相同。对于皮肤过敏,需有一个让免疫系统能学会做出反应的诱发阶段;此后,可出现临床症状,这时的接触就足以引发可见的皮肤反应(引发阶段)。因此,预测性试验通常取这种形态,其中有一个诱发阶段,对该阶段的反应则通过标准的引发阶段加以计量,典型做法是使用斑贴试验。直接计量诱发反应的局部淋巴结试验则是例外做法。常见的致敏物质有磺胺、四环素等药品以及枯草菌溶素、某些植物毒素和金属等物质。

2.3.4.2　致癌危险化学品

致癌物是指可导致癌症或增加癌症发生率的化学物质或化学物质混合物。在实施良好的动物实验性研究中诱发良性和恶性肿瘤的物质也被认为是假定的或可疑的人类致癌物,除非有确凿证据显示该肿瘤形成机制与人类无关。致癌危险化学品的分类通常基于该物质的固有性质,并不提供关于该物质的使用可能产生的人类致癌风险水平的信息。其分类如下。

(1) 一类:对人体有明确致癌性的物质或混合物,如黄曲霉素、砒霜、石棉、六价铬、二噁英、甲醛、酒精饮料、烟草、槟榔以及加工肉类(2015 年 11 月新增)。

(2) 二类 A:对人体致癌的可能性较高的物质或混合物,在动物实验中发现充分的致癌性证据。对人体虽有理论上的致癌性,而实验性的证据有限。如丙烯酰胺、无机铅化合物、氯霉素等。

(3) 二类 B:对人体致癌的可能性较低的物质或混合物,在动物实验中发现的致癌性证据尚不充分,对人体的致癌性的证据有限。用于归类相较于二类 A 化学品致癌可能性较低的物质。比如氯仿、DDT、敌敌畏、萘卫生球、镍金属、硝基苯、柴油燃料、汽油等。

(4) 三类:对人体致癌性尚未归类的物质或混合物,对人体致癌性的证据不充分,对动物致癌性证据不充分或有限,或者有充分的实验性证据和充分的理论机理表明其对动物有致癌性,但对人体没有同样的致癌性。如苯胺、苏丹红、咖啡因、二甲苯、糖精及其盐、安定、氧化铁、有机铅化合物、三聚氰胺、汞与其无机化合物等。

(5) 四类:对人体可能没有致癌性的物质,缺乏充足证据支持其具有致癌性的物质,如己内酰胺等。

2.4　国际化学品安全卡网络数据库查询系统

联合国国际化学品安全规划署(IPCS)与欧洲联盟委员会合作编写的国际化学品安全卡(ICSC)介绍了 2000 多种危险化学品的理化性质、接触危害、爆炸预防、急救/消防、储存、泄漏处置等 14 项数据。权威性、可靠性和适时更新是本系统中数据的最大优点。国际化学品安全卡网络数据库查询系统网址为 http://icsc.brici.ac.cn/。

　在线答题

　扫码完成本章习题

第3章 环境科学与工程实验操作规范及注意事项

environment科学与工程实验主要包括液、固、气类等实验,在实验过程中,实验用品及试剂的不规范操作极易引发事故,造成严重后果及不必要的损失。2006年3月15日,上海市某大学一实验室内突然发生爆炸事故,放置于室内的试管等容器相继发生连锁爆炸,所幸实验室中并无相关人员,未造成人员伤亡。2015年4月5日,江苏省徐州市某大学化工学院一实验室发生爆炸事故,最终导致5人受伤,其中1人因抢救无效死亡。推行实验室安全规范,在于防止实验事故的发生,减少设备的损毁及实验人员的伤亡。本章主要介绍液、固、气类实验操作规范以及相关安全事项,同时对实验中可能产生的废弃物的处理方法进行介绍。

3.1 液、固、气类实验注意事项

3.1.1 样品采集注意事项

3.1.1.1 水样采集

(1)依实际情况合理布设采样点。

(2)采样容器的材质应具有较高的化学稳定性,不应与水样中组分发生反应,容器内壁不应吸收或者吸附待测组分。

(3)采样时间和频率主要应根据分析目的和排污的均匀程度进行选取。

(4)水样采集后,应尽快分析检验。

(5)水样若不能及时进行分析,一般应保存在5 ℃以下(3~4 ℃为宜)的低温暗室内,或通过投加适宜的保存药剂保存水样。这样可使生物活性受到抑制,生物化学作用显著降低。

(6)采样还应注意操作者的人身安全,特别在冬季冰封的河、湖中采样时更要小心。

3.1.1.2 大气样品采集

(1)采样器流量计上表观流量与实际流量随温度和压力的不同而变化,所以采样器流量计必须校正后使用。

(2)要经常检查采样头是否漏气。当滤膜上颗粒物与四周白边之间的界线模糊,表明板面密封垫没有垫好或密封性能不好,应及时更换面板密封垫,否则测定结果将会

偏低。

（3）采样后应检查滤膜是否出现物理性损伤及采样过程中应检查是否有穿孔漏气现象，若发现有滤膜损伤或穿孔漏气现象，水样作废，须重新取样。

（4）采集好的样品于 2～5 ℃储存，并在规定时限内完成分析，防止部分待测组分被氧化。待测项目中若含有易被氧化的物质，应选用棕色吸收管采样，在样品运输和存放过程中，都应采取避光措施。

（5）使用吸收液进行样品采集时，为防止采样管中吸收液被污染，运输和储存等环节应加强管理，防止采样管倒置或倾斜，并控制好采样管的密封效果。

3.1.1.3 土壤样品采集

（1）采样点不宜设在田边、沟边、路边或肥堆边；采样时首先要清除表层的枯枝落叶，有植物生长的点位要先除去植物及其根系。采样现场要剔除砾石等异物。要注意及时清洁采样工具，避免交叉污染。

（2）每个采样点的取土深度及采样量应均匀一致，土壤上层与下层的比例要相同。取样器应垂直于地面入土，深度相同。用取土铲取样应先铲出一个耕层断面，再平行于断面下铲取土。

（3）测定所需要的土壤样品是多点混合的，取样量较大，而分析所需要的样品一般为 1～2 kg。所以，对样品采用四分法反复弃取，直至得到所需要量。

（4）测定微量元素的样品必须用不锈钢取土器采样。

（5）测定重金属的样品，尽量用竹铲、竹片直接采集样品，或用铁铲、土钻挖掘后，用竹片刮去与金属采样器接触的部分，再用竹片采集样品。对于污染土壤，取样时要根据污染物的性质采取相应的防护措施，避免与人体直接接触。

（6）采集挥发性或半挥发性有机物样品时，要防止待测物质挥发，注意样品瓶满且不留空隙，低温运输和保存。

3.1.2 实验操作注意事项

环境科学与工程实验由于其特殊性，所涉及的化学品可能易燃、易爆，可能是强酸、强碱甚至是有毒有害品，操作过程带有一定的危险性，稍有不慎就会发生事故。因此，有必要采取预防措施，以及培养实验室人员基本的安全常识和正确的操作方法。

3.1.2.1 加热

1. 酒精灯加热

酒精灯火焰温度一般在 400～500 ℃，所以需要温度不太高的实验都可用酒精灯加热。

（1）酒精灯内酒精体积应大于灯容积的 1/4，小于灯容积的 2/3（酒精量太少会导致灯中酒精蒸气过多，容易引起爆燃；量太多会受热膨胀使酒精溢出）。

（2）禁止向正在使用的酒精灯里添加酒精以及用酒精灯引燃另一盏酒精灯，以免造成失火（图 3.1）。

（3）使用完酒精灯之后，须用灯帽将火盖灭，切记不可用嘴去吹，否则可能将火焰沿

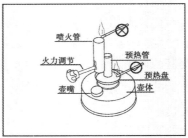

图 3.1　酒精灯及酒精喷灯的点燃操作

酒精灯灯颈压入灯内,引燃灯内的酒精蒸气及酒精,导致爆炸。

（4）万一碰倒酒精灯后,洒出的酒精在桌上燃烧起来,应立刻用湿抹布扑灭。

2．酒精喷灯加热

酒精喷灯的火焰温度比酒精灯要高得多,所以需要较高温度的有机实验可采用酒精喷灯加热。下面以座式酒精喷灯为例介绍酒精喷灯加热的注意事项。

（1）酒精喷灯内酒精体积约为灯容积的 2/3。

（2）使用酒精喷灯时,先在上部预热盘中注满酒精并点燃（图 3.1）,至壶内酒精受热排出酒精蒸气并在管口自行成焰时,调节下部空气阀,使火焰稳定,随后将升降器螺丝固定。

（3）停止使用时,用石棉网或木块盖住管口将火熄灭,同时旋松上侧铜帽,使剩余酒精蒸气排出。但切记不可旋下铜帽,以免引燃壶内酒精。

3．水浴加热

水浴加热的温度不超过 100 ℃。

（1）水浴锅炉丝套管是焊接密封的,无水加热时会烧坏套管,水进入套管之后将会造成炉丝的损坏或发生漏电现象。因此,使用水浴锅之前先要注入适量的水,并且在使用过程中同样也需要注意及时增补水。

（2）水浴锅内要时刻保持清洁,定期进行洗刷,防止生锈、漏水及漏电等一系列事故的发生。要经常更换锅内的水。如较长时间不用,水浴锅内的水要全部放掉并擦干,以免引起生锈。

（3）水浴锅内的水量应保持在合适水平,不要过满,水溢出过程中容易造成仪器部分器件受潮或短路,导致事故发生。

3.1.2.2　温度计

部分实验需要对温度进行严格把控,因此温度计的使用也必不可少。温度计一般有酒精温度计、水银温度计、石英温度计及热电偶等。低温酒精温度计测量范围为 −80～50 ℃;酒精温度计测量范围为 0～80 ℃;水银温度计测量范围为 0～360 ℃;石英温度计测量范围为 0～500 ℃,热电偶在实验室中不常用。应根据不同待测温度选用合适的温度计。

（1）温度计不能当搅拌棒使用,以免折断、破损以及其他危害。

（2）水银温度计因故破碎后,应戴手套和口罩,迅速用塑料袋或者滤纸片,将洒落的水银收集起来,防止水银四处滚动;待人员离开后,关闭室内一切加热设备电源,撒锌粉或者硫黄来收集,并写明"废弃水银"等标识性文字,送到环保部门专门处理。千万不要把收集起来的水银直接倒入下水道,以免污染地下水源。

（3）注意使用沸石。加热过程中加入沸石能够防止发生暴沸,避免事故的发生。

3.1.2.3 有机溶剂的使用

1. 易燃有机溶剂

实验室常用有机溶剂如果处理不当,就会引起火灾甚至爆炸。溶剂与空气的混合物一旦燃烧起来便会迅速蔓延,火力能在瞬间点燃实验室内其他易燃物体,如果着火点处于氧气充足位置,火力甚至可使一些不易燃物质发生燃烧。易燃有机溶剂蒸气与空气混合达到一定浓度时,甚至会引发爆炸。因此,在使用有机溶剂过程中需要时刻注意。

（1）将盛放易燃液体的容器放置于较低的试剂架上。

（2）保持容器密闭,需要倾倒液体时,方可打开。

（3）应该在远离火源且通风良好处使用易燃的有机溶剂,但用量不宜过大。

（4）储存易燃有机溶剂时,应尽可能减少储存量,以免引发危险。

（5）加热易燃液体时,宜使用油浴或水浴,不可使用明火。

（6）使用过程中,需时刻警惕以下常见火源:明火（焊枪、点火苗、火柴）、火星（电源开关、摩擦）、热源（电热板、灯丝、烘箱）、静电电荷等。

2. 有毒有机溶剂

有机溶剂的毒性表现在溶剂与人体接触或被人体吸收时引起局部麻醉刺激或整个机体功能发生障碍。所有具有挥发性的有机溶剂,人体长时间与其高浓度蒸气接触总是有毒的,如:伯醇类（甲醇除外）、醚类、醛类、酮类、部分酯类等溶剂易损害神经系统;羧酸甲酯类、甲酸酯类易引起肺中毒;苯及其衍生物、乙二醇等会发生血液中毒;卤代烃类会导致肝脏及新陈代谢中毒;四氯乙烷及乙二醇会引起严重肾脏中毒等。因此,在使用过程中,需要多加注意。

（1）尽量不要使皮肤与有机溶剂直接接触,务必做好个人防护工作。

（2）注意保持实验室通风,避免在密闭空间进行实验。

（3）在使用过程中,如果有毒有机溶剂存在溢出,应根据溢出的量进行相关补救工作。首先移开所有火源,提醒实验室现场人员,用灭火器喷洒,再用吸收剂进行清扫、装袋、封口,并将处理后废弃物作为废溶剂进行处理。

3.1.2.4 玻璃器皿的使用

正确使用各种玻璃器皿对于减少实验室安全事故是非常重要的。实验室中不允许使用已破损的玻璃器皿。对于无法修复的玻璃器皿,应当作废弃物进行处理。在修复玻璃器皿前应先将其中残留的化学药品清除干净。

（1）使用玻璃仪器前,先要检查有无破损,有破损的就不能使用。组装和拆卸实验装置时要防止仪器折断,不要使仪器勉强弯曲,应使之呈自然状态。

（2）玻璃仪器放在高处时,一定要用铁夹夹紧,保证安全。

（3）玻璃仪器与胶管或胶塞连接时，最好用布包住玻璃仪器，一般左手拿被插入的仪器，右手拿插入的仪器，慢慢地按顺时针方向旋转插入（一定要朝一个方向旋转，勿使玻璃管口对着掌心）。插入前要先蘸些水或甘油。对粘连在一起的玻璃器皿，不要强行用力拉使之分离，以免造成器皿破碎伤手。

（4）杜瓦瓶外应包有胶带或其他保护层，防止破碎时玻璃屑飞溅伤人。使用玻璃器皿进行非常压操作时，应在保护挡板之后进行。

（5）破碎的玻璃器皿应放入专用垃圾桶。在放入垃圾桶前，须用水将残余药品冲洗干净。

（6）普通玻璃器皿不适合做压力较大的反应，即使在较低的压力下也有破碎的危险，因此禁止使用普通玻璃器皿进行压力较大的反应。

3.1.2.5　注意反应物的量

实验时要严格控制反应物的量及各反应物的比例，如"乙烯的制备实验"中必须注意乙醇和浓硫酸的比例为 1∶3，且使用的量不要太大，否则反应物升温太慢，副反应较多，从而影响乙烯的产率。2016 年 9 月 21 日，上海市某大学发生的爆炸事故中，操作人员在制备氧化石墨烯时加入过量浓 H_2SO_4 和 $KMnO_4$，由于反应为自放热过程，大量气体和热量在锥形瓶的有限空间内迅速积累，致使爆炸发生，两名学生受伤严重。

3.1.2.6　注意冷却

有机实验中反应物和产物多为挥发性有害物质，所以必须对挥发出的反应物和产物进行冷却。

（1）需要用冷水（用冷凝管盛装）冷却的实验："蒸馏水的制取实验"和"石油的蒸馏实验"等。

（2）用空气冷却（用长玻璃管连接反应装置）的实验："硝基苯的制取实验""酚醛树脂的制取实验""乙酸乙酯的制取实验""石蜡的催化裂化实验"和"溴苯的制取实验"。冷却的目的是减少反应物或生成物的挥发，既保证实验的顺利进行，又减少挥发物对人的危害和对环境的污染。

3.1.2.7　注意除杂

有机实验往往副反应较多，导致产物中杂质也多，为了保证产物的纯净，必须对产物进行净化除杂。如"乙烯的制备实验"中，乙烯中常含有 CO_2 和 SO_2 等杂质气体，可将这种混合气体通入浓碱液中除去酸性气体；再如"溴苯的制备实验"和"硝基苯的制备实验"，产物溴苯和硝基苯中分别含有溴和 NO_2，产物同样可用浓碱液洗涤。

3.1.2.8　注意搅拌

搅拌也是大多数液类实验的一个必备条件。如"浓硫酸使蔗糖脱水实验"（也称"黑面包"实验）中搅拌的目的是使浓硫酸与蔗糖迅速混合，在短时间内急剧反应，以便反应放出的气体和大量的热使蔗糖炭化生成的炭等固体物质快速膨胀，又如"乙烯的制备实验"中醇酸混合液的配制。

3.2 实验室三废处理注意事项

3.2.1 实验室废弃物的收集方法

实验室废弃物收集的一般办法如下。

（1）分类收集法：按废弃物的性质和状态不同，分门别类收集。

（2）按量收集法：根据实验过程中排出废弃物量的多少或浓度高低予以收集。

（3）相似归类收集法：性质或处理方式、方法等相似的废弃物可收集在一起。

（4）单独收集法：危险废弃物应予以单独收集处理。

3.2.2 实验室三废处理一般流程

（1）实验室应安排专业人员将实验室废弃物统一收集并进行分类管理，存放到标明废弃物类别的容器中，并登记实验室废弃物管理台账。

（2）实验室存放废弃物的容器装满后，由实验室专业人员通知学院管理员，学院管理员负责查验并登记学院废弃物管理台账。

（3）在规定时间，由学院管理员将待转运废弃物清单报到实验室环保科。

（4）实验室环保科审核清单，不符合转运条件的退回学院，符合条件的通知学院可以转运。

（5）实验室安排专业人员转运废弃物至校实验室废弃物暂存柜，资产与实验室管理处、学院管理员与实验室人员对废弃物数量进行清点、称重并签字确认，清单由资产与实验室管理处、学院分别存档。

（6）资产与实验室管理处管理员登记校级废弃物管理台账。

（7）校实验室暂存柜废弃物存储达到一定量后，资产与实验室管理处管理员联系有资质的废弃物处置公司进行回收处理，并做好相关记录。

（8）实验室废弃物暂存处理的过程，必须严格按本流程进行规范操作。不得随意倾倒、堆放、处置危险废弃物。

3.2.3 实验室废液处理注意事项

实验室废液一般分为液态失效试剂、液态实验废弃产物或中间产物等。液态失效试剂主要包括各种过期、失效的化学试剂以及失效的重铬酸钾洗液等。液态实验废弃产物或中间产物则主要包括实验中使用的各种无机或有机试剂。无机实验废液主要包括酸碱废水、重金属盐废水（如含重金属 Cr^{6+}、Pb^{2+}、Cd^{2+}、Hg^{2+} 等），有机实验废液则主要是实验中使用过的各种有机试剂，包括酚类、硝基苯类、苯胺类、多氯联苯、醚类、有机磷化合物、石油类、油脂类等。绝大部分有机实验废液具有可燃性、挥发性和毒性，例如免疫组化实验中常用的二甲苯、丙酮、甲醛等就是废液处理的重点和难点所在。

3.2.3.1 无机实验废液的处理

无机实验废液中一般含有重金属如汞、铬、镉、铅、铜、银等,无机实验废液还有含砷废液、含氰废液、含氟废液、酸碱废液等。本书主要针对含汞、铬、铅等金属的废液的处理方法进行简单介绍。一般处理原则是根据无机实验废液的特点对其进行分类收集,在做实验时应控制试剂的使用量或采用替代物。本着减少废液产生量,减少污染的原则来处理实验室废液。

1. 含汞废液的处理

汞在化学实验室中主要来源于汞盐。在常温常压下,汞易与氧结合生成氧化汞。如果汞排入河流,微生物能将浮在水面的汞转化成甲基汞,而甲基汞易被大部分水生生物吸收。甲基汞以其造成神经受损出名,鱼类是主要从水中吸收甲基汞的生物。甲基汞蓄积在鱼体内,进而侵入整个食物链。进食这些鱼的动物,长期吸收汞导致中毒,包括生殖能力退化、消化系统损坏和 DNA 变异等。汞容易形成络离子,故处理时必须考虑汞的存在形态。目前,含汞废液主要的处理方法如下。

(1) 硫化物共沉淀法:用 Na_2S 或 $NaHS$ 将 Hg^{2+} 转变为难溶于水的 HgS,然后使其与 $Fe(OH)_3$ 共沉淀而分离除去。该方法须保证合适的 pH 和 Na_2S 添加量。如果反应 pH 在 10 以上,HgS 即变成胶体状态。此时,即使使用滤纸过滤,也难以将其彻底清除。如果添加过量的 Na_2S,则生成 $(HgS_2)^{2-}$ 而使沉淀发生溶解。

(2) 活性炭吸附法:先稀释废液,使 Hg^{2+} 浓度在 1 mg/L 以下。然后加入 NaCl,调节 pH 至 6 附近,加入过量的活性炭,搅拌约 2 h 后过滤,保管好滤渣。此法也可以直接除去有机汞。

(3) 离子交换树脂法:于含汞废液中加入 NaCl,使汞生成 $(HgCl_4)^{2-}$ 络离子而被阴离子交换树脂所吸附。但随着汞的形态不同,有时此法效果不够理想。并且,当有机溶剂存在时,此法也不适用。

2. 含铬废液的处理

铬主要以金属铬、三价铬及六价铬三种形式出现。含铬废液中的有害成分主要是可溶性铬酸钠、酸溶性铬等六价铬。六价铬很容易被人体吸收,然后通过消化、呼吸道、皮肤及黏膜侵入人体。将含铬废液直接排入下水道会污染地下水,从而严重威胁人类健康。实验室中收集到的含铬废液一般呈酸性,应根据废液所含成分,制订相应的处理方案。

在酸性条件下,使用适当的还原剂将六价铬还原为三价铬。废铁屑是常用的还原剂,有时也可用亚硫酸钠。待还原过程完成后将溶液 pH 调至适当范围,使三价铬变成氢氧化铬沉淀,再使氢氧化铬和硫酸反应可得硫酸铬。

3. 含铅废液的处理

铅是人体唯一不需要的微量元素,它是一种稳定的不可降解的污染物,在环境中可长期存在。人体蓄积到一定程度时会出现精神障碍、噩梦、失眠、头痛等慢性中毒症状,严重者还会有乏力、食欲不振、恶心、腹胀、腹痛或腹泻等症状。

处理方法:首先向废液中加入消石灰,调节 pH 至大于 11,使废液中的铅生成 $Pb(OH)_2$ 沉淀;然后加入 $Al_2(SO_4)_3$(凝聚剂),将 pH 降至 7~8,则 $Pb(OH)_2$ 与 $Al(OH)_3$

共沉淀,分离沉淀,达标后排放废液。

4. 含砷废液的处理

向含砷废液中加入 $FeCl_3$,使 Fe/As 达到 50,然后通过加入消石灰法控制 pH 在 8~10。利用新生氢氧化物和砷化合物共沉淀的吸附作用,除去废液中的砷。放置一夜,分离沉淀,达标后排放废液。

5. 含酚废液的处理

酚属剧毒类细胞原浆毒物。处理方法:低浓度含酚废液可加入次氯酸钠或漂白粉煮一下,使酚分解为二氧化碳和水。高浓度的含酚废液可通过醋酸丁酯萃取,再加少量的氢氧化钠溶液反萃取,经调节 pH 后进行蒸馏回收。处理达标后的废液可直接排放。

6. 含氰废液的处理

含氰废液也不得乱倒或与酸混合,与酸混合易生成挥发性剧毒氰化氢气体。低浓度含氰废液可加入氢氧化钠调节 pH 至 10 以上,再加入高锰酸钾粉末(3%),使氰化物分解。若浓度高,可使用碱性氯化法处理,即先用碱调节 pH 至 10 以上,加入次氯酸钠或漂白粉,经充分搅拌,氰化物分解为二氧化碳和氮气,放置 24 h 排放。

7. 含银废液的处理

当从含有多种金属离子的废液中回收银时,加入盐酸不会产生共沉淀现象。碱性条件下其他金属的氢氧化物会和氯化银一起沉淀,酸洗沉淀可除去其他金属离子。得到的氯化银用 H_2SO_4 或氯化钠溶液和锌还原,直到沉淀内不再有白色物质,析出暗灰色细金属银沉淀,水洗,烘干,用石墨坩埚熔融可得金属银。

8. 含硫废液的处理

大部分无机硫化物、硫、硫的含氧酸以及硫化氢都能被 H_2O_2 氧化成硫酸盐进行再利用。含硫废液中也可加入硫酸亚铁和石灰,控制 pH 为 8~9,生成硫化铁沉淀。

9. 其他废液的处理

(1)含氟化物废液的处理方法为,在 pH 为 8.5 时加入石灰形成氟化钙沉淀,同时加明矾共沉淀效果更好。

(2)含钡废液可通过加入硫酸盐形成硫酸钡沉淀而除去钡。

(3)含镉废液在 pH 为 10~11 时形成氢氧化物沉淀或 pH 为 6.5 时与氢氧化铁共沉淀而除去镉。

(4)含镍废液在 pH 为 11.5 时加入石灰生成氢氧化镍沉淀而除去镍。

(5)含锌废液在 pH 为 11 时用氧化钙或氢氧化钠生成沉淀除去锌。

(6)含铜废液在 pH 为 8.5 时用氢氧化钠或亚硫酸盐沉淀铜并予以回收。

(7)废酸液和废碱液中和至中性再排放。

3.2.3.2　有机废液的处理

1. 处理原则

(1)尽量回收溶剂,在对实验没有妨碍的情况下,反复使用。

(2)为了方便处理,按分类收集法对其进行处理,有机废液可分为可燃性废液、难燃性废液、含水废液及固体废物等。

(3)可溶于水的物质容易随水溶液流失,回收时要加以注意。但是甲醇、乙醇及醋酸等溶剂能被细菌作用而分解,故对这类溶剂的稀溶液,用大量水稀释后即可排放。

（4）含重金属等的有机废液,将其中的有机质分解后,作为无机废液进行处理。

2. 常用处理方法

（1）焚烧法。

①将可燃性废液,置于燃烧炉中燃烧。如果数量很少,可把它装入铁制或瓷制容器,选择室外安全的地方燃烧。点火时,取一长棒,在其一端扎上沾有油类的破布,或用木片等东西,站在上风方向进行点火燃烧。并且必须监视至烧完为止。

②对于难以燃烧的物质,可与可燃性废液混合燃烧,或者将它喷入配备有助燃器的焚烧炉中燃烧。对多氯联苯之类难以燃烧的物质,往往会排出一部分还未焚烧的物质,要加以注意。对含水的高浓度有机废液,此法亦适用。

③对由于燃烧而产生 NO_2、SO_2 或 HCl 等有害气体的废液,焚烧炉必须配备有洗涤器。用碱液洗涤燃烧后的废气,从而除去其中的有害气体。

④固体废物亦可溶解于可燃性溶剂中然后使之燃烧。

（2）溶剂萃取法。

①对含水的低浓度废液,可用与水不相溶的正己烷之类挥发性溶剂进行萃取,分离出溶剂层后,对它进行焚烧。再用吹入空气的方法,将水层中的挥发性溶剂吹出。

②对形成乳浊液之类的废液,不能用此法处理,须用焚烧法处理。

（3）吸附法:利用多孔性固体吸附剂处理有机废液,使其中一种或几种组分,通过分子引力或化学键力的作用被吸附在固体表面,从而达到分离的目的。常用多孔性固体吸附剂包括活性炭、硅藻土、矾土层、片状织物、聚丙烯、聚酯片、氨基甲酸乙酯、泡沫、塑料、稻草屑及锯末等。

（4）氧化分解法（参照含重金属类有机废液的处理方法）:在含水的低浓度有机废液中,对易氧化分解的废液,可用 H_2O_2、$KMnO_4$、$NaClO$、$H_2SO_4 + HNO_3$、$HNO_3 + HClO_4$、$H_2SO_4 + HClO_4$ 及废铬酸混合液等物质,将其氧化分解。然后,按上述无机实验废液的处理方法加以处理。

（5）水解法:对于有机酸或无机酸的酯类,以及一部分有机磷化合物等容易发生水解的物质,可加入氢氧化钠或氢氧化钙,在室温或加热条件下进行水解。水解后,若废液无毒害,将其中和、稀释后即可排放。如果含有有害物质,用吸附等适当的方法加以处理。

（6）生物化学处理法:用活性污泥等并吹入空气的方法进行处理。例如,对含有乙醇、乙酸、动植物性油脂、蛋白质及淀粉等的稀溶液,可用此法进行处理。

3. 方法选择

（1）含一般有机溶剂的废液。一般有机溶剂是指醇类、酯类、有机酸酮及醚等由 C、H、O 元素构成的物质。对含此类物质的废液中的可燃性物质,可用焚烧法处理。对含难以燃烧的物质及可燃性物质的低浓度废液,则用溶剂萃取法、吸附法及氧化分解法处理。再者,废液中含有重金属时,要保管好焚烧残渣。对于易被生物分解的物质（即通过微生物的作用而容易分解的物质）,其稀溶液经水稀释后,即可排放。

（2）含石油、动植物性油脂的废液。含苯、己烷、二甲苯、甲苯、煤油、轻油、重油、润滑油、切削油、机器油、动植物性油脂及液体和固体脂肪酸等物质的废液。对其中的可燃性物质,用焚烧法处理。对其中难以燃烧的物质及低浓度的废液,则用溶剂萃取法或吸附法处理。对含机油之类的废液,含有重金属时,要保管好焚烧残渣。

4. 其他注意事项

(1)不能互相混合的废液。

①过氧化物与有机物。

②氰化物、硫化物、次氯酸盐与酸。

③盐酸、氢氟酸等挥发性酸与不挥发性酸。

④浓硫酸、磺酸、羟基酸、聚磷酸等酸类与其他的酸。

⑤铵盐、挥发性胺与碱。

(2)关于废液储存的注意事项。

①要选择没有破损且不会被废液腐蚀的容器进行收集。将所收集的废液的成分及含量写于标签上,标签贴于明显的位置,并置于安全的地点保存。特别是毒性大的废液,尤其要注意。

②对硫醇、胺等会发出臭味的废液和会放出氰、磷化氢等有毒气体的废液,以及易燃性的二硫化碳、乙醚之类的废液,要尽快加以适当处理,防止泄漏。

③含有过氧化物、硝化甘油之类爆炸性物质的废液,须谨慎操作并尽快处理。

④含有放射性物质的废弃物,须进行净化和浓缩处理,并严格按照有关规定,严防泄漏。

3.2.4 实验室废气处理

实验室废气污染问题目前虽未列入国家环保强制性治理范畴,但其危害不可小视。在进行实验时可能不定期排放大量有害气体,不仅对大气造成污染,对周边的人群、植被造成严重的危害,而且对人体有潜在的危害。若遇阴雨、低气压气候,排出的废气难以及时扩散,更加剧了局部环境的污染程度,造成了局部酸雨的形成,构成了严重的社会公害。

3.2.4.1 实验室废气处理的主要方法

1. 吸收法

吸收法指的是采用合适的液体作为吸收剂来处理废气,从而除去其中有毒有害气体的方法。一般分为物理吸收和化学吸收两种。较常见的吸收剂有水、酸性溶液、碱性溶液、有机溶液和氧化剂溶液。它们可以用于净化含有 SO_2、Cl_2、NO_x、H_2S、SiF、HF_4、NH_3、HCl、酸雾、汞蒸气、各种有机蒸气和沥青烟等的废气。这些液体在吸收完废气后又可以用作配制某些定性化学试剂的母液。

2. 固体吸附法

固体吸附法指的是先让废气与特定的固体吸收剂充分接触,通过固体吸收剂表面的吸附作用,使废气中含有的污染物质(或吸收质)被吸附从而达到分离的目的。此法一般适用于对废气中含有的低浓度污染物质进行净化,且需针对不同污染物选用不同的固体吸附剂。例如,若要吸收几乎所有常见的有机及无机气体,可以选择将适量活性炭或者新制取的木炭粉放入有残留废气的容器中;若要选择性吸收 H_2S、SO_2 及汞蒸气,则使用硅藻土;若要选择性吸收 NO_x、CS_2、NH_3、C_mH_n、CCl_4 等,则需要用到分子筛。

3. 回流法

回流法指的是对于易液化的气体,可以通过特定的装置使挥发的废气,在通过装置时,在空气的冷却下液化,再沿着长玻璃管的内壁回流到特定的反应装置中。如在制取溴苯时,可以在装置上连接一根足够长的玻璃管。

4. 燃烧法

燃烧法指的是通过燃烧的方法来去除有毒有害气体。这是一种有效的处理有机气体的方法,尤其适合处理排量大而浓度比较低的苯类、酮类、醛类、醇类等各种有机废气。如对于 CO 尾气及 H_2S 的处理等,一般都会采用此法。

3.2.4.2 实验室废气处理注意事项

(1) 控制实验环境中的有害气体,使之不得超过现行规定的空气中有害物质的最高容许浓度。

(2) 控制排出的气体不得超过居民区大气中有害物质的最高容许浓度。

(3) 一般有毒气体可通过通风橱或通风管道,经空气稀释后排出,大量的有毒气体必须通过与氧充分燃烧或吸附处理后才能排放。

(4) 在反应、加热、蒸馏过程中,不能冷凝的气体在排入通风橱之前,要进行吸收或其他处理,以免污染空气。

3.2.5 实验室固体废弃物处理

实验室固体废弃物主要包括破碎玻璃仪器、一次性实验耗材(如移液枪头、离心管、一次性胶头滴管、滤头、滤纸、注射器、一次性手套等)、废弃的固体化学药品及实验样品、实验残渣、滤渣、废旧电池及污泥等。尤其是一次性实验耗材,直接与各类试剂和实验材料接触,可能残留有各种有毒有害物质,废弃后造成固体废弃物成分复杂,毒性较大,因此,不能将其作为普通垃圾处理,应对其进行分类后分别处理,否则会对环境造成严重污染。

3.2.5.1 固体废弃物处理方法

1. 预处理

由于固体废弃物难处理的特点,在对其进行进一步综合利用和最终处理之前,通常都需要先对其进行预处理。固体废弃物的预处理一般包括筛分、破碎、压缩和磨粉等程序。

2. 物理法

物理法指的是通过利用固体废弃物的物理和物理化学性质,用合适的方法从其中分选或者分离出有用和有害的固体物质。常用的分选方法有重力分选、电力分选、磁力分选、弹道分选、光电分选、浮选和摩擦分选等。

3. 化学法

化学法指通过使固体废弃物发生一系列化学变化,进而转换成能够回收的有用物质或能源。常见的化学处理方法包括煅烧、焙烧、烧结、热分解、溶剂浸出、电力辐射和焚烧等。

4．生物法

生物法指的是利用微生物的作用来处理固体废弃物。此方法的基本原理是利用微生物本身的生物-化学作用，使复杂的有机物分解为简单的物质，将有毒物质转化为无毒物质。常见的生物处理法有沼气发酵和堆肥。

5．最终处理

对于没有任何利用价值的有毒有害固体废弃物，就需要进行最终处理。常见的最终处理方法有焚化法、掩埋法、海洋投弃法等。但是，固体废弃物在掩埋和投弃入海洋之前都需要进行无害化处理，而且深埋在远离人类聚集的指定地点，并要对掩埋地点做好记录。

3.2.5.2　固体废弃物处理注意事项

（1）黏附有害物质的滤纸、包药纸、棉纸、废活性炭及塑料容器等东西，不要丢入垃圾箱内，要分类收集。

（2）废弃不用的药品可交还仓库保存或用合适的方法处理掉。

（3）废弃玻璃物品单独放入纸箱内，废弃注射器针头统一放入专用容器内，注射管放入垃圾箱内。

（4）干燥剂和硅胶可用垃圾袋装好后放入带盖的垃圾桶内。

（5）其他废弃的固体药品包装好后集中放入纸箱内，放到集中放置点由专业回收公司处理（剧毒、易爆危险品要预处理）。

在线答题

扫码完成本章习题

第4章 环境科学与工程实验室常用仪器安全操作规范

在环境科学与工程实验室从事教学和科学研究等活动的过程中常常需要使用各种仪器设备。如果操作不当可能引起仪器损坏甚至人身伤害。因此严格按照操作规范使用仪器,是保障仪器性能、操作人员安全和实验室环境正常的基本要求。本章就环境科学与工程实验室中一些常见仪器,如离心机、烘箱、pH 计、超净工作台、通风橱、粉碎机、消解仪、氙灯、紫外分光光度计、气相色谱仪、高效液相色谱仪、离子色谱仪、大气采样器等的操作规范以及使用注意事项进行详细阐述。

4.1 离心机的操作规范及使用注意事项

4.1.1 离心原理及分类

当含有细小颗粒的悬浮液静置时,由于重力场的作用,悬浮的颗粒逐渐下沉。粒子越重,下沉越快,反之,密度比液体密度小的粒子就会上浮。微粒在重力场下移动的速度与微粒的大小、形态和密度有关,且与重力场的强度及液体的黏度有关。如红细胞直径为数微米,可以在通常重力作用下观察到它们的沉降过程。

离心机是利用旋转转头产生的离心力,使悬浮液或乳浊液中不同密度、不同颗粒大小的物质分离开来,或在分离的同时进行分析的仪器。应用领域广泛,适用于化工、食品、制药、环保及采矿等领域。

离心机通过离心转子高速旋转产生强大离心力,作用于离心管内液体混合物中具有不同沉降系数和密度的颗粒物质,然后根据它们沉降速度的不同将物质分离开(图 4.1)。离心机按结构形式可分为台式离心机和落地式离心机。按用途可分为工业用实验室离心机和医用实验室离心机。根据其最大转速的不同,可分为低速离心机(转速<4000 r/min)、高速离心机(4000~30000 r/min)和超速离心机(转速>30000 r/min);根据其是否有冷冻的温度控制系统,可分为常温普通离心机和冷冻离心机。在环保领域,离心机应用于环境材料的制备以及物相的分离。例如,利用离心机产生的离心力可加速污泥中固体颗粒物的沉降,以达到污泥脱水的目的。

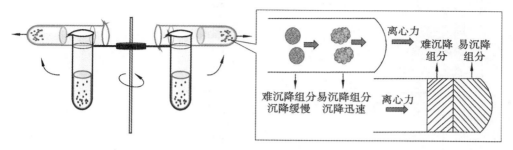

图 4.1 离心机工作原理

4.1.2 离心机基本操作流程

离心机基本操作流程如下：

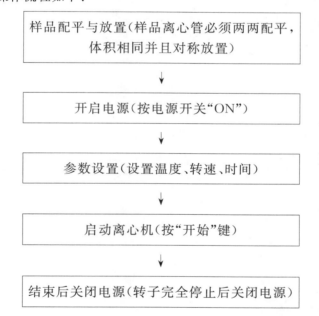

4.1.3 离心机的操作规范

在实验过程中，许多混合样品需经过离心分离。根据不同实验目的和样品特征，使用者可以基于所需的转速和温度选用合适的离心机。其中，高速离心机和超速离心机均属于精密仪器，并且由于转速高、离心力大，如果使用不当或缺乏定期的检修和保养，极易发生安全事故。因此使用离心机前须仔细阅读所用型号离心机的使用说明书，严格按照操作规范进行操作。现以三种常见离心机为例，介绍其操作规范以及使用注意事项。

4.1.3.1 低速离心机操作规范（以 LXJ-ⅡB 型低速离心机为例）

（1）确保离心机各个部件完整无损，且内部无任何杂物。

（2）接通电源，打开电源开关。

（3）将配平的样品管或平衡管对称地放入转子中，然后盖上内盖和外盖。

（4）设置完离心所需的转速和时间后，按"开始"键，启动运行。

（5）离心结束，确认转速归零后，小心取出样品。

（6）关闭电源，并做好记录。

低速离心机操作规范如图4.2所示。

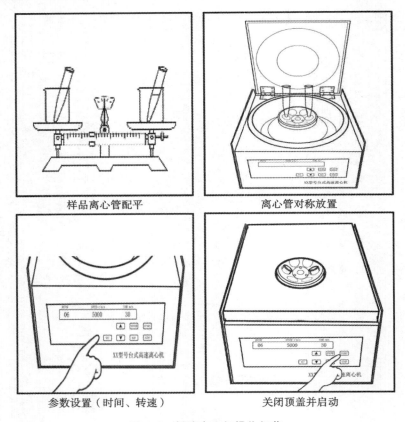

样品离心管配平　　　　　　　　　离心管对称放置

参数设置（时间、转速）　　　　　关闭顶盖并启动

图4.2　低速离心机操作规范

4.1.3.2　高速离心机操作规范（以 TGL-16M 型高速冷冻离心机为例）

（1）仔细检查离心机是否放置平稳，转子等各个部件是否完整无损。

（2）接通电源，开启电源开关；按"停止"键，离心机的门盖会自动打开，确认内部无任何杂物后，选择离心所需的转子，按要求准确安装。

（3）设置离心参数（包括转子型号、转速或离心力、温度和时间）。

（4）关闭离心机顶盖，使离心机启动制冷系统预冷。

（5）将需离心的样品管或平衡管用天平完全配平，对称放入相应转子中，并确认安装正确后关闭离心机内盖和门盖。

（6）再次确认离心机实时温度符合设置，各参数设定正确后，按"开始"键启动离心机。在运行过程中，须确认离心机无异常震动或声响，并达到设定的各项参数指标，尤其是转速和时间。

（7）离心结束确认转速和时间均已经归零后，打开离心机门盖和内盖，小心取出离心后样品。

（8）取出离心转子，用洁净软布擦干机体内冷凝水。关闭电源，认真做好使用记录。

4.1.3.3 超速离心机操作规范（以 Optima L-80XP 超速离心机为例）

（1）检查超速离心机各个部件完整无损后接通电源，打开电源开关。

（2）打开离心机门盖，确认内部无任何杂物后，选取本次离心操作所需并与所用离心机相配套的转子，按要求准确安装。同时，在离心机上设置所用转子的型号，以及与之配合的转速、运行温度和运行时间。

（3）选用与所用转子相适配的专用离心管，确认离心管无任何破损后，将需离心分离的样品加入。确保样品管或平衡管严格配平后（图 4.3），将样品管以及平衡管对称放入转子孔腔中（如果离心管和转子孔腔带有编号，则将离心管准确放入与之相应编号的转子孔腔中），拧紧转子盖，关闭离心机盖。

（4）按"VACUUM"键，启动真空系统。当离心机表盘显示的真空值降至转速所需数值以下时，按"ENTER"键。再次确认各项技术指标正常后，按"START"键，启动离心运行系统。在运行过程中，须确认离心机无异常震动或声响，并达到设定的各项参数指标，尤其是转速和时间。

（5）离心结束确认转速和时间均已经归零后，再次按"VACUUM"键，解除真空状态，直至气压平衡。然后打开机盖，小心拿出转子，取下离心管和平衡管，取出离心样品。

（6）关闭电源，认真做好使用记录。

图 4.3 离心机离心管未配平导致仪器使用过程中剧烈震动

4.2 烘箱的操作规范及使用注意事项

烘箱是通过智能微电脑控制、采用热风内循环控制温度的一种加热烘干设备。在环境科学与工程实验室，烘箱常被用于比室温高 5～300 ℃范围的干燥、烘干、灭菌及热反应操作等。

4.2.1 烘箱基本操作流程

烘箱基本操作流程如下：

```
┌─────────────────────────────────┐
│  放入待干燥物品(待干燥物品尽量均匀  │
│        分布于烘箱箱体内)          │
└─────────────────────────────────┘
              ↓
┌─────────────────────────────────┐
│     开启电源(按电源开关"ON"键)     │
└─────────────────────────────────┘
              ↓
┌─────────────────────────────────┐
│      参数设置(设置温度、时间)      │
└─────────────────────────────────┘
              ↓
┌─────────────────────────────────┐
│  结束后关闭电源(待烘箱箱体内温度    │
│      下降至室温后开启箱门)        │
└─────────────────────────────────┘
```

4.2.2 烘箱的操作规范

(1) 把需干燥处理的物品放入烘箱内,关好箱门。

(2) 打开电源开关。

(3) 设定需要的温度和时间后,启动烘干操作。

(4) 结束后关闭电源,取出干燥物品。

4.2.3 烘箱使用注意事项

(1) 烘箱应配备专用的电源插座,使用前须确认供电电压符合所用设备的要求。

(2) 烘箱应放置在具有良好通风条件的室内,不要紧贴墙壁,在其周围严禁放置易燃易爆物品。

(3) 烘箱使用温度不能超过其最高限定温度。当烘箱使用温度超过 100 ℃时,不得触摸工作箱门、观察门及箱体表面,以防烫伤。

(4) 禁止用烘箱烘烤易燃、易爆、易挥发及有腐蚀性的物品。

(5) 烘箱内物品放置不能过挤,必须留出一定的空间。注意不要有任何物品插入或堵住进风口、出风口,阻挡空气循环。

(6) 使用过程中箱门尽量不要频繁打开,以免影响内部恒温。当需要观察工作室内样品情况时,可开启外道箱门,透过玻璃门观察。

(7) 有鼓风的烘箱,在加热和恒温的过程中需将鼓风机开启,否则会影响烘箱内温度的均匀性和损坏加热元件。

(8) 烘箱运行过程中需有人值守,或者定期检查,以免发生事故(图 4.4)。

图 4.4 烘箱工作期间无人值守时发生事故

4.3 马弗炉的操作规范及使用注意事项

马弗炉(muffle furnace)在中国的通用叫法有以下几种：电炉、电阻炉、茂福炉、马福炉。马弗炉是一种通用的加热设备，依据外观形状可分为箱式炉、管式炉。广泛应用于环境卫生、化工、制药等领域。

4.3.1 马弗炉基本操作流程

马弗炉基本操作流程如下：

$$\boxed{\text{放入煅烧样品(样品尽量靠近温度传感器)}}$$

↓

$$\boxed{\text{设置参数(升温速率不得过快，防止"飞温")}}$$

↓

$$\boxed{\begin{array}{c}\text{关闭箱门(管式炉密封)(箱门必须}\\\text{关闭严密以保证保温性能)}\end{array}}$$

↓

$$\boxed{\begin{array}{c}\text{开始升温(结束时箱体内温度下降至}\\\text{室温后才能开启箱门)}\end{array}}$$

马弗炉的操作规范如图 4.5 所示。

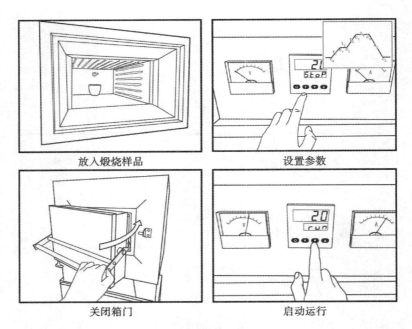

图 4.5 马弗炉的操作规范

4.3.2 马弗炉使用注意事项

（1）当马弗炉第一次使用或长期停用后再次使用时，必须进行烘炉。烘炉的操作应为室温至 200 ℃烘 4 h。200～600 ℃烘 4 h。使用时，炉温最高不得超过额定温度，以免烧毁电热元件。禁止向炉内灌注各种液体及易溶解的金属，马弗炉最好在低于最高温度 50 ℃以下工作，此时炉丝有较长的寿命。

（2）马弗炉和控制器必须在相对湿度不超过 85％、没有导电尘埃、爆炸性气体或腐蚀性气体的场所工作。凡附有油脂类金属材料需进行加热时，有大量挥发性气体将影响和腐蚀电热元件表面，使之销毁或缩短寿命。因此，加热时应及时预防和做好密封工作或适当开孔加以排除。

（3）不得在马弗炉尚未降温时开启箱门，防止灼伤（图 4.6）。

（4）马弗炉控制器应限于在环境温度为 0～40 ℃范围时使用。

（5）根据技术要求，定期检查电炉、控制器各接线的连线是否良好，指示仪指针运动时有无卡住滞留现象，并用电位差计校对仪表因磁钢、退磁、涨丝、弹片疲劳、平衡破坏等引起的误差增大情况。

（6）热电偶不要在高温时骤然拔出，以防外套炸裂。

（7）经常保持炉膛清洁，及时清除炉内氧化物之类的东西。烘箱运行中需有人值守或定期检查。

（8）管式炉的气路需要设置安全瓶以及尾气处理瓶。

图 4.6 马弗炉未降温时开启箱门导致灼伤

4.4 分析天平的操作规范及使用注意事项

分析天平是准确称量一定质量物质的仪器,是定量分析工作中不可缺少的重要仪器,一般是指能精确称量到 0.0001 g(0.1 mg,万分之一)的天平。分析天平广泛应用于环境科学与工程实验中的药品称量,是实验室最基础的实验设备之一。称量前应检查天平是否正常,是否处于水平位置,吊耳和圈码是否脱落,玻璃框内外是否清洁。

4.4.1 分析天平的原理与结构

实验室分析天平根据电磁力平衡原理直接称量,电磁力平衡式电子分析天平是把待测物的质量通过电磁力平衡原理变换为电流检测,再经电流电压变换、模数转换和数字化运算处理,用数字显示待测物的质量值。

使用天平时,在空载状态下接通电源,天平下端线圈中会有标准电流通过,产生电磁力,使天平处于平衡位置零点,其中线圈通电后横梁的位置改变量由接收发光二极管和差动变压器进行测量。

在平衡状态下,当天平托盘上放待测物时,横梁发生倾斜,则位置检测器产生不平衡信号,传给天平底部的内部鉴别电路,该电路即产生补偿电流流过线圈,并产生更大的电磁力,以维持天平的平衡。

4.4.2 分析天平基本操作流程

不同种类、型号的分析天平操作流程虽然各不相同,但基本操作流程相似,具体如下:

```
┌─────────────────────────────────┐
│  调节分析天平至水平(将分析天平置于    │
│     稳定台面上,调节水平旋钮至水平)    │
└─────────────────────────────────┘
                 ↓
┌─────────────────────────────────┐
│  开启电源并预热(预热时间在 10 min 以上) │
└─────────────────────────────────┘
                 ↓
┌─────────────────────────────────┐
│       天平去皮(按"Tare"键)         │
└─────────────────────────────────┘
                 ↓
┌─────────────────────────────────┐
│   样品称量(添加样品时,需使用药匙)    │
└─────────────────────────────────┘
                 ↓
┌─────────────────────────────────┐
│   记录数据(关闭天平门,待读数稳定     │
│         后记录数据)               │
└─────────────────────────────────┘
```

4.4.3　分析天平使用方法

以某型号电子分析天平为例,其基本操作流程具体如下。

(1) 检查天平是否水平。水泡应位于水平仪中心。若不水平,需调整水平地脚螺丝,直到气泡位于水平仪上圆圈的中央。

(2) 接通电源,预热 30 min。只有经过充分预热以后,天平才能达到所需的工作温度。

(3) 打开开关"ON",使显示器亮,并显示称量模式 0.0000 g。

(4) 称量:按"Tare"键,显示为零后,将称量物放入托盘中央,关闭天平门,待读数稳定后读数,该数据即为所称物体的质量。

(5) 使用完天平后,关好天平,取下称量物和容器。检查天平上下是否清洁,若有脏物,用毛刷清扫干净。罩好防尘布罩,切断电源,填写天平使用登记簿后方可离开天平室(图 4.7)。

4.4.4　分析天平注意事项

(1) 防止振荡和震动。天平周围要求没有风和影响天平稳定的气流,无震动源存在。

(2) 除地磁场外,无外磁场或其他干扰。

(3) 天平应水平放置在牢固且平稳的桌面,室内要求清洁、干燥且有较恒定的温度,同时应避免光线直接照射到天平上。

(4) 使用前必须检查供电电压是否与电子分析天平所需电压相符,使用前应通电预热。电子分析天平若长时间不使用,则应定时通电预热,每周一次,每次预热 2 h,以确保仪器始终处于良好使用状态。

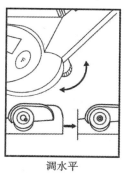   

调水平　　　　　　调零　　　　　　添加样品　　　　　记录数据

图 4.7　分析天平使用方法

（5）称量时应从侧门取放样品，读数时应关闭侧门以免空气流动引起天平读数摆动。前门仅在检修或清除残留物时使用。

（6）天平门内应放置吸潮剂（如硅胶），当吸潮剂吸水变色，应立即高温烘烤更换，以确保其具有良好的吸湿性能。

（7）挥发性、腐蚀性、强酸强碱类物质应盛于带盖称量瓶内称量，防止其腐蚀天平。

（8）不得用天平称量热的（或冷的）物品。

（9）托盘上所加负荷不得超过额定称量限度，以免过载而造成天平损坏。

（10）样品不得直接放在天平盘中称量，须置于容器或称量纸上。

4.5　超净工作台的操作规范及使用注意事项

超净工作台是通过风机将空气经初效过滤器初滤后，经静压箱进入高效过滤器二级过滤，然后再以垂直或水平气流的状态将干净空气送出，形成局部无菌、高洁净环境的净化设备。超净工作台根据气流流动的方向分为垂直流超净工作台和水平流超净工作台。垂直流超净工作台的风机在顶部，风垂直吹，可最大限度地保障操作人员的身体健康；水平流超净工作台的风往外吹，多用于对操作人员健康影响不大的操作。另外，根据设计结构，超净工作台又分为单边操作超净工作台和双边操作超净工作台两种。超净工作台广泛应用于环境微生物研究领域。

4.5.1　超净工作台基本操作流程

超净工作台基本操作流程如下：

```
接通电源（按电源开关"ON"键）
            ↓
打开紫外灯（紫外线照射 20 min）
            ↓
```

关闭紫外灯,启动风机(关闭紫外灯,
将玻璃拉门上推,打开风机开关)

打开照明灯,开始操作(风机工作 10 min 后,
点燃台面酒精灯,开始操作)

↓

关闭风机和电源(熄灭酒精灯后,关闭风机,
按电源开关"OFF"键)

4.5.2　超净工作台的操作规范

在微生物实验过程中,为了保证局部无菌条件,通常在使用超净工作台前用紫外线进行灭菌。紫外线如果直接照射皮肤、眼睛等器官,会对操作人员健康造成损害。此外,如果实验材料在超净工作台内处理或操作不当,也会损害操作人员健康,污染实验环境。因此,使用超净工作台时需要严格按照操作规范进行操作。现简述操作规范以及使用注意事项。

(1) 操作前准备:首先将超净工作台的玻璃拉门拉至最下方,打开超净工作台总电源,打开紫外灯照射 20 min 进行杀菌。然后关闭紫外灯,将玻璃拉门推高并启动风机,使风机运行 10 min 以排尽由于紫外线照射而产生的臭氧。

(2) 正式操作:打开照明灯,始终在风机运行状态下进行所有实验操作。

(3) 结束操作:操作完成后,继续保持风机运行 10 min,然后依次关闭风机、照明灯和电源。

4.5.3　超净工作台使用注意事项

(1) 紫外线对皮肤和视网膜危害极大,因此,紫外线照射时要关闭玻璃拉门。严禁在紫外灯开启时进行任何操作。

(2) 使用带有玻璃拉门的超净工作台时,拉门的开启高度不宜过高(如推至顶端),也不宜过低(如落至台面),以免影响风速和洁净度。

(3) 禁止在超净工作台的预过滤器进风口部位放置实验物品,以免挡住进风口造成进风量减少,降低净化能力。

(4) 超净工作台使用完毕后应及时清理所有无关物品。

(5) 不要频繁开关紫外灯和照明灯,以防缩短灯管的使用寿命。

(6) 定期检查空气滤网等滤材并清洁,空气滤网老化或破损时应及时更换。

4.6 通风橱的操作规范及使用注意事项

通风橱通常为上下式结构,上部有排气孔,并安装风机,通过风机的运转将实验过程中产生的有害气体和气溶胶有效排出,下部为实验操作空间。通风橱是保障实验操作人员免受有毒有害气体危害的一级屏障,是维持实验环境安全的保障。通风橱根据通风方式可分为无管通风式和全通风式两种。无管通风式通风橱不需要外连管道、不污染外部环境,但必须定期更换过滤材料。全通风式通风橱是将柜内空气抽出,经处理符合规定后,排到大气中。该通风橱安装有专用的排风管道,能够更有效地除去实验操作中产生的有害气体。

4.6.1 通风橱操作规范

(1)打开电源,启动风机系统,确定通风橱处于排风状态,然后打开照明灯。

(2)将玻璃视窗升至使用者手肘处,操作人员仅将手伸入通风橱内进行实验操作,而胸部以上则被玻璃视窗的安全钢化玻璃隔离保护(图4.8)。

(3)使用结束后,依次关闭风机、照明灯和电源。

(4)将通风橱内及时打扫干净,并将玻璃视窗还原到最低位置。

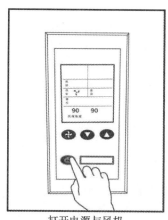

| 打开电源与风机 | 玻璃视窗下拉 | 窗后操作 |

图 4.8 通风橱操作规范

4.6.2 通风橱使用注意事项

(1)通风橱内应避免放置非必要物品、器材等,严禁放置易燃易爆品。

(2)使用通风橱时,须开启排风后才能进行操作。

(3)操作强酸、强碱以及挥发性有害气体时,必须拉下通风橱的玻璃视窗,实验操作过程中严禁将玻璃视窗完全打开(图4.9)。

(4)实验人员在使用通风橱时,严禁将头伸入玻璃视窗内。

图 4.9　使用通风橱时将玻璃视窗完全打开导致有害气体逸出

（5）实验结束后，严禁立即关闭通风橱。通风橱应继续通风 1～2 min，确保通风橱内有毒有害气体或残留废气被全部排出。

4.7　超声清洗仪操作规范及使用注意事项

声波可以分为三种，即次声波、可听波、超声波。次声波的频率在 20 Hz 以下；可听波的频率为 20～20000 Hz；超声波的频率则为 20000 Hz 以上。其中，次声波和超声波一般人耳是听不到的。超声波频率高、波长短，因而传播方向性好、穿透能力强。因此超声波常被应用于各种实验仪器的清洗、化学品的混合等。

4.7.1　超声清洗仪原理

超声清洗仪是利用超声波在液体中的空化作用、加速度作用及直进流作用对液体和固体产生直接或间接的作用，使污染层被分散、乳化、剥离而达到清洗和分散的目的。目前所用的超声清洗仪中，空化作用和直进流作用应用得更多。超声清洗仪中的换能器将高频电能转换成机械能之后，会产生振幅极小的高频振动并传播到清洗槽内溶液中，在换能器的作用下，清洗液内部将不断地产生大量微小的气泡（直径为 50～500 μm 的气泡，这种气泡中充满溶液蒸气）并瞬间破裂，每个气泡的破裂都会产生数百摄氏度的高温和上百兆帕的局部液压撞击，这种现象称为"空化"效应。在"空化"效应的连续作用下，工件表面或隐蔽处的污垢被爆裂、剥离。同时，在超声的作用下，清洗液的渗透作用加强，脉动搅拌加剧，溶解、分散和乳化加速，固体材料分散均匀。

4.7.2　超声清洗仪的构成

清洗槽：盛放待洗工件。清洗槽坚固，弹性好，由耐腐蚀的优质不锈钢制成，可安装加热及控温装置,清洗槽底部连接超声波换能器振子。

换能器(超声波发生器):将电能转换成机械能。高频高压通过电缆连接线传导给换能器,换能器与振动板一起产生高频共振,从而使清洗槽中溶剂受超声波作用将污垢洗净。

4.7.3 超声清洗仪基本操作流程

不同种类、型号的超声清洗仪操作流程虽然各不相同,但基本操作流程相似,具体如下:

$$\boxed{\text{稳定设备(将超声清洗仪置于稳定台面上)}}$$
$$\downarrow$$
$$\boxed{\text{开启电源(按电源开关“ON”键)}}$$
$$\downarrow$$
$$\boxed{\text{添加清洗液(清洗液需适量,量过大时功率分散,量太少易产生高温)}}$$
$$\downarrow$$
$$\boxed{\text{将被清洗物放入清洗槽(添加样品时,需使用药匙)}}$$
$$\downarrow$$
$$\boxed{\text{设置参数(频率/功率、时间、温度)}}$$
$$\downarrow$$
$$\boxed{\text{开始超声(按“START”键)}}$$

4.7.4 超声清洗仪使用注意事项

(1) 超声清洗仪电源及电热器电源必须有良好接地装置。

(2) 超声清洗仪严禁无清洗液开机,即超声清洗前必须保证清洗缸内有一定量的清洗液(图 4.11)。

(3) 有加热设备的超声清洗仪严禁无清洗液时打开加热开关。

(4) 禁止用重物(铁件)撞击清洗槽槽底,以免换能器晶片受损。

(5) 清洗仪不能与大功率机器共用一个电源,避免因大功率机器突然停止,清洗仪承受电压过高而烧坏。

(6) 清洗槽槽底要定期冲洗,不得有过多的杂物或污垢。

(7) 每次换新液时,待超声波启动后,方可洗件或者分散药瓶。

（8）采用清水或水溶液作为清洗液。禁止使用酒精、汽油或任何可燃气体作为清洗液；同时禁止使用硫酸、盐酸等任何酸性液体以及次氯酸等腐蚀性液体，防止不锈钢清洗槽被损坏。

（9）勿将仪器置于潮湿不通风环境下使用。

图 4.11　超声清洗仪使用时清洗液过少导致严重发热

4.8　pH 计操作规范及使用注意事项

pH 计是用来测定溶液酸碱度的仪器。pH 计的工作原理为原电池，原电池的两个电极间的电动势依据能斯特定律，既与电极的自身属性有关，又与溶液里的氢离子浓度有关。原电池的电动势和氢离子浓度之间存在对应关系，氢离子浓度的负对数即为 pH。pH 计是一种常见的分析仪器，广泛应用在农业、环保和工业等领域。在环境科学与工程实验室中，pH 计常被应用于溶液酸碱度的测量以及水质和土壤环境的监测，是环境科学与工程实验室的基础实验设备之一。

4.8.1　pH 计的原理

pH 计是用电势法来测量 pH 的，其基本原理如下：将一个连有内参比电极的可逆氢离子指示电极和一个外参比电极同时浸入某一待测溶液中从而形成原电池，在一定温度下产生一个内外参比电极之间的电池电动势。这个电动势与溶液中氢离子浓度有关，而与其他离子的存在基本没有关系。仪器通过测量该电动势的大小，最后转化为待测液的 pH 而显示出来。

实验中为了操作方便，常把连有内参比电极的氢离子指示电极和外参比电极复合在一起构成复合电极。复合电极的基本结构如图 4.12 所示。

pH 计探头主要组成部件如下。

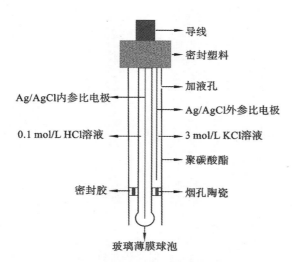

图 4.12　复合电极基本结构示意图

（1）玻璃薄膜球泡：由具有 H^+ 交换功能的锂玻璃熔融吹制而成，呈球形，膜厚在 0.1 ～0.2 mm，25 ℃下的电阻＜250 MΩ。

（2）玻璃支持管：支持电极球泡的玻璃管体，由电绝缘性优良的铅玻璃制成，其膨胀系数与电极球泡玻璃一致。

（3）内参比电极：多为 Ag/AgCl 电极或饱和甘汞电极，主要作用是提供一个稳定的参比电势，要求其电极电势稳定，温度系数小。

（4）内参比溶液：为 pH 恒定的缓冲溶液或浓度较大的强酸溶液，如 0.1 mol/L HCl 溶液。

（5）电极壳：支持玻璃电极和液接界，盛放外参比溶液的壳体，通常由聚碳酸酯（PC）塑料压制成型或者玻璃制成。PC 塑料在有些溶剂中会溶解，如丙酮、四氯化碳、三氯乙烯、四氢呋喃等，如果测试液中含有以上溶剂，就会损坏电极外壳，此时应改用玻璃外壳的 pH 复合电极。

（6）外参比电极：多为 Ag/AgCl 电极或饱和甘汞电极，其作用也是提供一个稳定的参比电势，其电极电势要求稳定，重现性好，温度系数小。

（7）外参比溶液：常为饱和氯化钾溶液或 KCl 凝胶电解质。

（8）液接界：外参比溶液和被测溶液之间的连接部件，要求渗透量大且稳定，通常由瓷砂芯材料构成。

（9）电极导线：低噪声金属屏蔽线，内芯与内参比电极连接，屏蔽层与外参比电极连接。

4.8.2　pH 计基本操作流程

pH 计基本操作流程如下：

```
┌─────────────────────────────────────────┐
│      开机预热(预热 10 min 以上)          │
└─────────────────────────────────────────┘
                     ↓
┌─────────────────────────────────────────┐
│   标定(测量数据要与缓冲溶液的 pH 一致)   │
└─────────────────────────────────────────┘
                     ↓
┌─────────────────────────────────────────┐
│   测量(测量前反复用去离子水冲洗电极头)   │
└─────────────────────────────────────────┘
                     ↓
┌─────────────────────────────────────────┐
│       读数(待数据稳定后再读数)           │
└─────────────────────────────────────────┘
                     ↓
┌─────────────────────────────────────────┐
│      结束(冲洗电极头部并将其浸泡         │
│        在饱和 KCl 溶液中保存)            │
└─────────────────────────────────────────┘
```

4.8.3　pH 计操作规范

以 pSH-25 型酸度计为例说明 pH 计的一般使用方法。具体操作规范如下。

1. 开机

按下电源开关,电源接通后,预热 10 min。

2. 测量模式选择

仪器选择开关置于"pH"挡或"mV"挡。

3. 标定

仪器使用前要标定。如果仪器连续使用,只需最初标定一次。具体操作分两种。

(1) 一点校正法——用于分析精度要求不高的情况。

①仪器插上电极,选择开关置于"pH"挡。②仪器斜率调节器调节到 100% 位置(即顺时针旋到底的位置)。③选择一种最接近待测样品溶液 pH 的标准缓冲溶液(其 pH 为已知的),并把电极放入这一缓冲溶液中,调节温度调节器,使所指示的温度与溶液的温度相同,并摇动试杯,使溶液均匀。④待读数稳定后,该读数应为标准缓冲溶液的 pH,否则调节定位调节器,使读数与标准缓冲溶液的 pH 一致。⑤清洗电极,并吸干电极球泡表面的余水,准备测量待测液。

(2) 二点校正法——用于分析精度要求较高的情况。

①仪器插上电极,选择开关置于"pH"挡,仪器斜率调节器调节到 100% 位置。②选择两种标准缓冲溶液(被测溶液的 pH 应该大约在该两种标准缓冲溶液 pH 之间,如 pH = 4.00 和 pH = 7.00)。③把电极放入第一种缓冲溶液(pH = 7.00)中,调节温度调节器,使所指示的温度与溶液相同。④待读数稳定后,该读数应为该标准缓冲溶液的 pH,否则调节定位调节器,使读数与标准缓冲溶液的 pH 一致。⑤清洗电极,并吸干电极球泡表面余水后,把电极放入第二种缓冲溶液(pH = 4.00)中,摇动试杯使溶液均匀。⑥待读数稳定后,该读数应为第二种缓冲溶液的 pH,否则调节斜率调节器,使其显示的数值

与第二种标准缓冲溶液的 pH 一致。此时,酸度计标定完成,之后不能再调节定位调节器和斜率调节器,否则需重新标定。对于精密度高的酸度计,有时需要重复③～⑥步骤以反复调节定位调节器和斜率调节器,以达到最佳的仪器校对效果。⑦清洗电极,并吸干电极球泡表面的余水,待用。

4. 测量

(1) 将复合电极加液口上所套的橡胶套和下端的橡皮套全取下,以保持电极内氯化钾溶液的液压差恒定。

(2) 将电极夹向上移出,用蒸馏水清洗电极头部,并用滤纸吸干。

(3) 把电极插在被测溶液内,调节温度调节器,使所指示的温度与溶液的温度相同。摇动试杯使溶液均匀,读数稳定后,读出该溶液的 pH。

5. 结束

测量完成后关闭仪器电源,用蒸馏水清洗电极头部,并用滤纸吸干,之后浸泡在饱和 KCl 溶液中保存(图 4.13)。

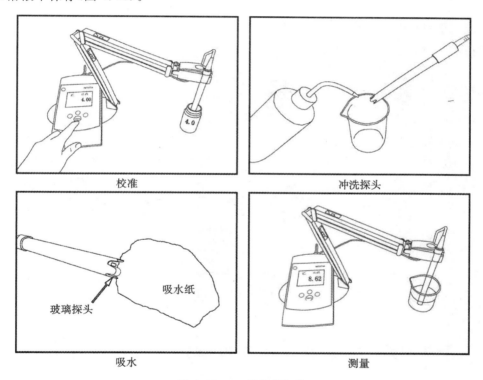

图 4.13 pH 计使用规范

4.8.4 pH 计使用注意事项

(1) 一般情况下,仪器在连续使用时,每天要标定一次;一般在 24 h 内仪器不需再标定。

(2) 使用前要拉下电极上端的橡皮套使其露出上端小孔。

(3) 标定的缓冲溶液一般第一次用 pH＝6.86 的溶液,第二次用接近被测溶液 pH

的缓冲溶液,被测溶液为酸性时,缓冲溶液应选 pH=4.00 的溶液;被测溶液为碱性时,则选 pH=9.18 的缓冲溶液。

(4) 测量时,电极的引入导线应保持静止,否则会引起测量不稳定。

(5) 电极切忌浸泡在蒸馏水中。

(6) 保持电极球泡的湿润,如果发现干枯,在使用前应在 3 mol/L 氯化钾溶液或微酸性的溶液中浸泡几小时,以降低电极的不对称电位。

(7) 电极应与输入阻抗较高(电阻≥1012 Ω)的 pH 计配套,使其保持良好的特性。

(8) 配制 pH=6.86 和 pH=9.18 缓冲溶液所用的水,应预先煮沸 15～30 min,除去溶解的二氧化碳。在冷却过程中应避免与空气接触,以防止二氧化碳的污染。

(9) 复合电极的外参比补充液为 3 mol/L 氯化钾溶液,补充液可以从电极上端小孔加入,复合电极不使用时,拉上橡皮套,防止补充液干涸。

(10) 电极经长期使用后,如发现斜率略有降低,可把电极下端浸泡在 4% HF(氢氟酸)溶液中 3～5 s,用蒸馏水洗净,然后在 0.1 mol/L HCl 溶液中浸泡,使之复新。

(11) 电极探头不得触碰容器(图 4.14)。

图 4.14　用 pH 计搅拌溶液导致探头损坏

4.9　实验室用粉碎机操作规范及使用注意事项

4.9.1　粉碎机粉碎原理

粉碎机是将大尺寸固体原料粉碎至要求尺寸的机械。在粉碎过程中施加于固体的外力有剪切、冲击、碾压、研磨四种。剪切主要用在粗碎(破碎)以及粉碎作业中,适用于有韧性或者有纤维的物料和大块料;冲击主要用在粉碎作业中,适用于脆性物料;碾压主要用在高细度粉碎(超微粉碎)作业中,适用于大多数性质的物料;研磨主要用于超微粉碎或超大型粉碎设备,适用于粉碎作业后的进一步粉碎作业。实际的粉碎过程往往是几种外力的同时作用。

粉碎机作为环境科学与工程实验室中的常用设备,在环境材料制备、样品预处理等领域发挥重要作用。然而由于粉碎机在运行过程中刀头高速旋转,操作不当会对人身造成严重伤害,故必须规范地操作粉碎机。

4.9.2 粉碎机基本操作流程

粉碎机基本操作流程如下:

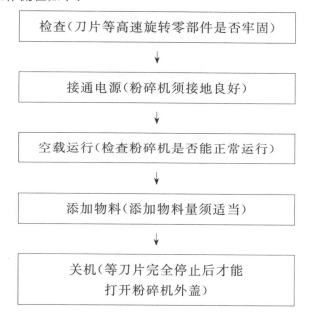

4.9.3 粉碎机操作规范(以 DFT-150 为例)

1. 开机前准备

检查零件的完好和紧固情况,特别是刀片等高速运转零部件必须牢固;检查粉碎机在机座上是否牢固;检查轴承的润滑状况;打开粉碎室顶盖,检查粉碎室有无杂物。

2. 开机

(1)上述检查完毕,启动电机空载运行,如各部分运行状况正常,待转速正常后方可负载运行。

(2)将物料均匀放置在粉碎室内,物料必须事先烘干,不得将潮湿物料放入粉碎室。

(3)安装粉碎机顶盖,检查快速拆卸装置是否牢固,防止运行过程中顶盖松脱。

(4)接通电源,打开电源开关,此时需手握粉碎机把手,并向下用力以稳固运行中的粉碎机(图 4.15)。

3. 关机

粉碎完成后,关闭电源,待刀片停止转动后再开启顶盖,样品清理完毕后,清理粉碎室,必要时用酒精擦拭,防止粉碎室以及刀片锈蚀埋下安全隐患。

图 4.15　粉碎机

4.9.4　注意事项

（1）粉碎机不得长时间运行，否则电机与轴承会持续升温，粉碎机温度较高时应停止运行，待冷却后再次运行。

（2）刀片、衬圈要经常检查磨损情况，磨损会导致粉碎粒度变粗，生产率下降。若发现磨损应立即更换。

（3）若发现运行过程中有震动、杂音、轴承与电机温度过高、向外喷料等现象，应立即停止运行，排除故障后方可继续工作。

（4）应仔细检查所粉碎物料，不得混有石块、金属等异物，以免损坏机器。

（5）严禁粉碎机开盖运转（图 4.16）。

图 4.16　严禁粉碎机开盖运转

4.10　消解仪操作规范及使用注意事项

在测定环境样品（水样、土壤样品、固体废弃物和大气采样时截留下来的颗粒物等）

中的无机元素时,大多数情况下需要对环境样品进行消解处理。消解处理的作用是破坏有机物、溶解颗粒物,并将各种价态的待测元素氧化成单一高价态或转化成易于分解的无机化合物。

4.10.1 消解的分类

环境样品中污染物种类繁多,成分复杂,多数待测组分浓度低,存在形态各异,且样品中存在大量干扰物质。更重要的是,随着环境科学技术的发展,大多数有机污染物以综合指标(如 COD、BOD 和 TOC 等)进行定量描述已不能满足对环境监测工作的要求。很多有机物属持久性、生物可积累的有毒污染物,并且具有"三致"作用,可这些有机物在环境介质中浓度极小,对上述综合指标的贡献极小,或根本反映不出来。这说明在分析测定之前,需要进行不同的样品预处理,以得到待测组分适合于分析方法要求的形态和浓度,并与干扰性物质最大限度地分离。因此,在测定环境样品前,需要对环境样品进行消解处理,破坏有机物,溶解颗粒物,并将各种价态的待测元素氧化成单一高价态或转化成易于分解的无机化合物。

常用的消解方法有湿式消解法和干灰化法。常用的消解氧化剂体系有单元酸体系、多元酸体系和碱分解体系。最常使用的单元酸为硝酸。采用多元酸的目的是提高消解温度、加快氧化速率和改善消解效果。在进行水样消解时,应根据水样类型及采用的测定方法合理选择消解氧化体系。

消解仪是一种常用的样品前处理设备,根据加热原理的不同,可分为电热消解仪和微波消解仪。电热消解仪通过电加热的方式完成对样品的消解。与电热消解仪不同,微波消解仪是利用微波的穿透性和激活反应能力加热密闭容器内的试剂和样品,微波通过试样时,极性分子随微波频率快速变换取向,在 2450 MHz 的微波作用下,分子每秒钟变换方向2.45×10^9次,分子来回转动,与周围分子相互碰撞摩擦,分子的总能量增加,试样温度急剧上升。同时,试样中的带电粒子(离子、水合离子等)在交变的电磁场中,受电场力的作用而来回迁移运动,也会与邻近分子撞击,使得试样温度升高。该方式可使消解罐内压力增大,反应温度升高,从而大大提高反应速率,缩短样品制备的时间。并且可控制反应条件,制样精度更高,减少对环境的污染和改善实验人员的工作环境。

4.10.2　消解仪基本操作流程

消解仪基本操作流程如下:

```
┌─────────────────────────┐
│  检查(仪器是否运行正常,     │
│  转子与容器是否干净)        │
└─────────────────────────┘
            ↓
┌─────────────────────────┐
│  样品制备(将一定质量样品倒入 │
│  消解罐,并做好标记)         │
└─────────────────────────┘
            ↓
```

```
┌─────────────────────────────────┐
│      加入消解液(根据样品性质,        │
│      选择合适的消解液)              │
└─────────────────────────────────┘
                 ↓
┌─────────────────────────────────┐
│   加热(将消解罐置于专用的压力容器内)   │
└─────────────────────────────────┘
                 ↓
┌─────────────────────────────────┐
│   取样(待消解罐内液体完全冷却后        │
│   才能打开消解罐)                   │
└─────────────────────────────────┘
```

4.10.3 微波消解仪操作规范(以 ETHOS-TC 为例)

(1)检查仪器是否运行正常,转子是否干净,容器是否已清洗干净。

(2)将准确称量好的样品倒入消解罐内,标记样品,再加入适量的 HNO_3、H_2O_2 等溶液后轻微摇匀,保证消解罐内液体体积不少于 8 mL。使用内插罐时,总试剂量要求在 2 mL 以内。

(3)依次插好内插罐,盖好后放入加好试剂的内罐中,盖上消解罐盖子,将垫片及弹性安全帽按顺序放在消解罐盖子上,再将消解罐放入主控罐中。

(4)将放入消解罐的主控罐放入圆盘架中,并利用定位销定位,防止主控罐移动。使用专用扭力扳手(旋钮右旋)将主控罐固定后放入微波消解仪内腔圆盘中(扳手在扭紧的过程中听到一声"咔嗒"声,说明消解罐盖子已经设定完毕,此时切勿再扭动扳手)。

(5)将温度传感器插入主控罐内,压紧温度传感器的固定插销,避免在转动过程中滑出,然后将温度传感器与主机腔体内部插口连接好。

(6)关闭腔体,打开微波消解仪电源,调出或设置消化程序,包括升温时间、恒温时间、所需温度及功率等。按"START"启动微波消解程序(图 4.17)。

4.10.4 注意事项

(1)微波消解仪在运行过程中或运行结束时,若压力数字显示值不是"0",不要按"清零"键。

(2)制样过程中,加热功率最大为 80%;当制样罐少于 4 个时,要使用 50%以下的功率。

(3)在使用中除了可加热敞口容器中的水外,其他任何酸、碱、盐或固体物质,均不可单独在开口容器中加热。

(4)一定要保持消解罐内外罐间无液体或杂质存在,以免损坏消解罐。千万不要在消解罐外套金属类外罩,否则将出现打火或击穿;微波制样中一定要避免将金属物质(如导线、金属块等)误放入谐振腔中。

(5)微波消解系统的消解罐为塑料制作的,不可用强的机械力,其螺纹易于滑丝,应适度用力。此外,压力测量接头也不能用力过大,防止损坏。

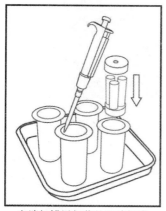
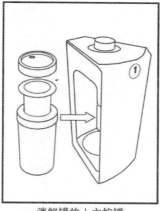
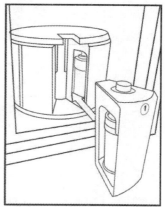

向消解罐添加药品和消解液　　　消解罐放入主控罐　　　消解罐及主控罐放入微波腔体

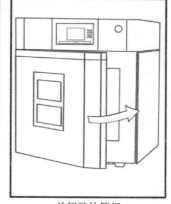

连接压力、温度传感器　　　　关闭腔体箱门

图 4.17　微波消解仪操作规范

（6）一般消解罐中有机物干样应不超过 0.5 g。样品消解常用试剂是 HNO_3、HCl、HF、H_2O_2 等。H_3PO_4、H_2SO_4 和 $HClO_4$ 等高沸点和易爆试剂不能单独使用。对于样品和试剂反应剧烈的消解制样，应先在开口状态下置于通风橱内反应，待反应平静后，盖上容器盖，将容器放入消解制样系统中。

（7）消解罐内样品、试剂总体积不能超过内杯容积的 30%。

（8）从制样系统中取出消解罐后，不要用凉水冲凉，否则将导致消解罐外罐变形或破裂。

（9）严禁消化含有机溶剂或者挥发性溶剂的样品，如要消化，应先水浴挥干溶剂。

（10）使用电热消解仪时必须在通风橱中操作，防止消解过程中有害气体的扩散。

（11）使用电热消解仪时，不得直视消解罐内部，防止液滴飞溅伤人（图 4.18）。

图4.18 使用电热消解仪时直视消解罐内部导致液滴飞溅伤人

4.11 气相色谱仪的操作规范及使用注意事项

4.11.1 气相色谱仪原理

色谱分析仪是一种多组分混合物的分离、分析工具。它主要利用物质的物理性质进行分离并测定混合物中各个组分的含量。色谱法也称色层法或层析法。色谱法是由俄国植物学家茨维特于1906年创立。他在研究植物叶色素成分时,使用了一根竖直的玻璃管,管内填充颗粒状的碳酸钙,然后将植物叶的石油醚浸提液由柱顶端加入,并继续用纯净石油醚淋洗。结果发现在玻璃管内植物色素被分离成具有不同颜色的谱带,"色谱"一词也就由此得名。后来这种分离方法逐渐应用于无色物质的分离,"色谱"一词虽然已失去原来的含义,但仍被沿用下来。色谱法应用于分析化学中,并与适当的检测手段相结合,就构成了色谱分析法。通常所说的色谱法指的是色谱分析法。

色谱法有多种类型,多根据流动相进行分类:

气相色谱——气-固色谱:流动相为气体,固定相为固体吸附剂。

气相色谱——气-液色谱:流动相为气体,固定相为涂在担体上或毛细管内壁上的液体。

液相色谱——液-固色谱:流动相为液体,固定相为固体吸附剂。

液相色谱——液-液色谱:流动相为液体,固定相为涂在担体上的液体。

如前所述,气相色谱(GC)是采用气体为流动相的色谱,作为流动相的气体,载气是指不与被测物质作用,用来载送样品的惰性气体(如氢气、氮气等)。载气携带着欲分离的样品,通过色谱柱中的固定相,使样品中各组分分离,然后分别进入检测器。其结构示意图如图4.19所示。载气由高压钢瓶供给,经减压阀减压后,进入载气净化干燥管以除去载气中的水分。由针形阀控制载气的压力和流量。流量计和压力表用以指示载气的柱前流量和压力。再经进样器(试样就从进样器注入),样品随着载气进入色谱柱,将各组分分离后依次进入检测器并放空。检测器信号由记录仪记录,就可得到色谱图,图中每个峰代表混合物中的一个组分。

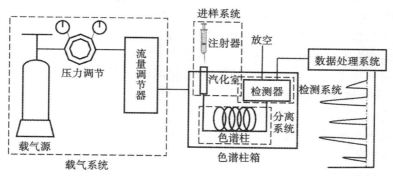

图 4.19　气相色谱结构示意图

　　如果说色谱柱是色谱分离的心脏,那么,检测器就是色谱仪的眼睛。目前,GC 所使用的检测器有多种,其中常用的检测器主要有火焰离子化检测器(FID)、火焰热离子检测器(FTD)、火焰光度检测器(FPD)、热导检测器(TCD)、电子俘获检测器(ECD)等。

4.11.2　气相色谱仪基本操作流程

气相色谱仪基本操作流程如下:

```
开启气源(载气、尾吹气、氢气和
空气(FID 检测器))
```
↓
```
开启电源(开启 GC 及计算机电源
并打开 GC 软件)
```
↓
```
安装色谱柱(色谱柱使用前需要老化)
```
↓
```
设置并下载仪器参数(进样口温度、
载气流量、柱箱温度、检测器温度等)
```
↓
```
进样(使用微量注射器进样,
进样量不得超过柱容量)
```
↓
```
运行(设置样品名称并进行数据采集)
```

4.11.3 气相色谱仪操作规范(以 Agilent 7820A,FID 检测器检测甲苯为例)

1. 操作前准备

(1) 色谱柱的检查与安装。首先打开柱箱门检查是否为所需用的色谱柱(HP-5),若不是则旋下毛细管柱上连接进样口和检测器的螺母,卸下毛细管柱。取出所需毛细管柱,放上螺母,并在毛细管柱两端各放一个石墨环,然后在两侧柱端截去 1～2 mm,进样口一端石墨环和柱末端之间长度为 4～6 mm,检测器一端将柱插到底,轻轻回拉 1 mm 左右,然后用手将螺母旋紧。

新柱老化时,将进样口一端接入进样器接口,另一端在柱箱内放空,检测器一端封住。新柱在低于最高使用温度 20～30 ℃,通过较高流速载气连续老化 24 h 以上。

(2) 气体流量的调节。在开启载气(N_2 或 He)钢瓶高压阀前,首先检查低压阀的调节杆是否处于释放状态,然后打开高压阀,缓缓旋动低压阀的调节杆,调节压力至约 0.5 MPa,打开氢气与空气钢瓶或者氢气发生器主阀,调节输出压至 0.4 MPa。

2. 主机操作

(1) 软件运行:接通电源,打开电脑,然后开启主机,在 Windows 系统中打开在线工作站并与主机连接。

(2) 设置参数:新建或者调用方法,设置进样口温度为 120 ℃,柱箱温度为 80 ℃,检测器温度为 230 ℃,载气流量为 4 mL/min,氢气流量为 40 mL/min,空气流量为 400 mL/min。待工作站提示"Ready",且仪器基线平衡稳定后,开始进样采集数据。

3. 进样操作

手动进样时,需使用微量进样器,一般进样量为 10 μL,用微量进样器抽取样品时,需多次抽拉以排空进样器中残留的气体。进样时需用手指略微顶住进样针,防止进样针钢丝由于进样口压力弹出。进样后点击"运行",然后采集数据。查看数据时打开脱机软件进行数据记录及编辑(图 4.20)。

4. 关机

在测定完毕后,将检测器熄火,关闭空气、氢气,将炉温降至 50 ℃ 以下,检测器温度降至 100 ℃ 以下,关闭进样口、检测器加热开关等,关闭载气。退出工作站,然后关闭主机,最后关闭载气钢瓶阀门,切断电源。

4.11.4 注意事项

1. 进样注意事项

(1) 微量进样器是易碎器械,使用时应多加小心,不用时要洗净放入盒内,不要随意来回空抽,否则会严重磨损,损坏气密性,降低准确度。微量进样器在使用前后都须用丙酮等溶剂清洗。

(2) 硅橡胶垫在长时间进样后,容易漏气,需及时更换。

(3) 在室温下进样口垫片螺母不得拧过紧,否则当汽化室温度升高时硅胶密封垫膨胀后会更紧,这时进样器很难扎进去,或者针头易堵易弯。

(4) 进样时需用手指略微顶住进样针,防止进样针钢丝由于进样口压力弹出(图 4.21)。

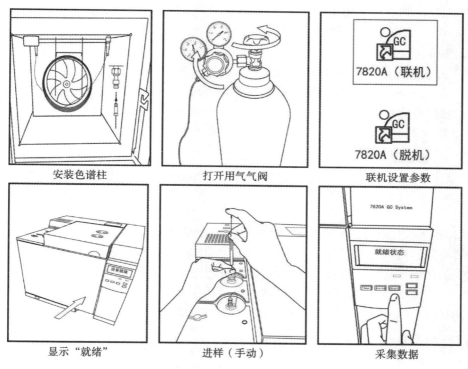

安装色谱柱　　　　　打开用气气阀　　　　　联机设置参数

显示"就绪"　　　　　进样（手动）　　　　　采集数据

图 4.20　气相色谱仪使用流程

图 4.21　气相色谱进样针钢丝由于进样口压力被弹出

2. 检测器注意事项

（1）开启热导电源前,必须先通载气。实验结束时,将桥电流调到最小值,再关闭热导电源,最后关闭载气。

（2）检测器点火不成功可能是由于点火丝点火效率不高,此时用镊子将点火丝部分拉出即可;也有可能是由于氢气或者空气喷嘴堵塞,此时设置氢气以及空气流量为零,加大尾吹气流量,观察氢气或者空气是否有示数,示数为零则表明堵塞,需要拆卸清理。

(3) 检测器氢气、尾吹气以及空气流量比一般设置为 1∶1∶10。

3. 色谱柱安装注意事项

(1) 必须在常温下安装和拆卸色谱柱。

(2) 填充柱由密封垫环和垫片密封,安装时不得拧得太紧。安装毛细管柱时用石墨环密封,该垫环为塑性材料,同样不得拧得太紧,多次拆取后需及时更换垫环。

(3) 需检查色谱柱两端是否用玻璃棉塞好,防止玻璃棉和填料被载气吹到检测器中。

4.12 大气采样器的操作规范及使用注意事项

采样器将抽气泵控制在恒定转速,调节转子流量可以得到需要的采样流量,根据采样器采样时间,可以计算累积采样体积。采样气体经过滤膜时样品被捕集,气流经过流量传感器,传感器将流量信号检出,送微处理器处理,得出瞬时流量。当流量值与设定流量不同时,自动调节抽气量,使实际流量恒定在设定值上。采样器自动计算累积采样体积并随时根据采集到的气体温度及大气压,换算成标准状况下累积采样体积。

4.12.1 大气采样器基本操作流程

安装(选择干燥、避阳处,将仪器放置平稳)

↓

干燥剂的填装(加入约 3/4 体积的具有充分干燥能力的变色硅胶)

↓

连接管路/切割头(依次将吸收瓶或采样管、干燥筒用气路连接管连接)

↓

矫正流量(使用流量矫正器矫正)

↓

设置参数(流量,采样时间)

↓

采样(设置样品名称并进行数据采集)

4.12.2　大气采样器操作规范

（1）选择干燥、避阳处，将仪器放置平稳。

（2）将干燥筒底盖旋开，加入约 3/4 体积的具有充分干燥能力的变色硅胶（颗粒状），然后将干燥筒盖旋紧即可。

（3）依次将吸收瓶或采样管、干燥筒用气路连接管连接。

（4）矫正流量。

（5）在主界面点击采样键新建测量方法。

（6）关闭仪器。

大气采样器操作规范如图 4.22 所示。

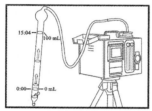 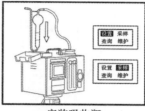 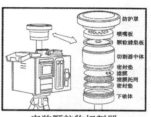

矫正流量　　　　　　　　安装吸收瓶　　　　　　安装颗粒物切割器

图 4.22　大气采样器操作规范

4.12.3　大气采样器使用注意事项

（1）禁止仪器不装滤膜直接开机运行，否则灰尘等杂物会被吸入传感器及采样泵而损坏采样器。

（2）采样器在运输、使用过程中应尽量避免强烈的震动、碰撞及灰尘、雨、雪的侵袭。

（3）现场接入电源时，请务必确认是 220 V 交流电，防止误接其他工业电源。以免损坏采样器，甚至造成人身伤害。

（4）电源可靠且接通后再打开采样器电源开关，不能用采样器来检测电源是否接通。

（5）关机后应间隔 5 s 以上才能再开机。

┃ 4.13　电化学工作站的操作规范及使用注意事项 ┃

电化学工作站将恒电位仪、恒电流仪和电化学交流阻抗分析仪有机结合，既可以做三种基本功能的常规实验，也可以做基于这三种基本功能的程式化实验。在实验中，既能检测电池电压、电流、容量等基本参数，又能检测体现电池反应机理的交流阻抗参数，从而完成对多种状态下电池参数的跟踪和分析。

4.13.1　电化学工作站基本操作流程

电化学工作站基本操作流程如下：

检查线路（将电化学工作站
通信线与电脑串行口相连）

↓

连接反应器（将线路正确连接相应的
工作电极、对电极和参比电极）

↓

打开电源（打开电化学工作站，打开电脑）

↓

打开软件（打开操作软件）

↓

连接仪器

↓

测试方法（选择测试方法）

↓

测试参数（设定测试参数）

↓

开始测试

↓

保存数据（测试完毕后，保存测试数据）

↓

记录数据（调出测试结果）

↓

关闭仪器和计算机（依次关闭软件、
计算机、电化学工作站）

4.13.2 电化学工作站使用规范

（1）将电化学工作站通信线与电脑串行口相连，将电极线与工作站电极接口相连。
（2）将线路正确连接相应的工作电极、对电极和参比电极。
（3）打开电化学工作站，打开电脑，启动软件。
（4）连接仪器。
（5）选择测试方法。
（6）设定测试参数。
（7）开始测试。
（8）测试完毕后，保存测试数据。
（9）调出测试结果。
（10）依次关闭软件、计算机、电化学工作站。

4.13.3 电化学工作站使用注意事项

（1）电化学工作站不宜时开时关，更换测试设备或实验室无人时可关闭。
（2）为了避免接触不良，应定期对模具进行清洁。
（3）做完实验后要及时保存文件，否则下次实验开始后上次的实验数据会被覆盖丢失。

4.14 Zeta 电位仪的操作规范及使用注意事项

Zeta 电位的重要意义在于它的数值与胶态分散的稳定性相关。Zeta 电位是对颗粒之间排斥力或吸引力强度的度量。分子或分散粒子越小，Zeta 电位（正或负）的绝对值越大，体系越稳定，即溶解或分散可以抵抗聚集。反之，Zeta 电位（正或负）的绝对值越小，越倾向于凝结或凝聚，即吸引力超过了排斥力，分散被破坏而发生凝结或凝聚。

4.14.1 Zeta 电位仪基本操作流程

Zeta 电位仪基本操作流程如下：

连接线路（插上接线板总插头，
并将其余插头插在接线板上）

打开电源（启动计算机，并开启 Zeta
电位仪后面的电源开关）

打开软件（打开操作软件）

```
              ↓
┌─────────────────────────────┐
│   加入样品(向干净的样品池中     │
│   倒入约 1.6 mL 样品)         │
└─────────────────────────────┘
              ↓
┌─────────────────────────────┐
│  连接样品池(将电极完全插入样品池, │
│  用纸巾小心地擦干溢出的样品)      │
└─────────────────────────────┘
              ↓
┌─────────────────────────────┐
│          测定样品             │
└─────────────────────────────┘
              ↓
┌─────────────────────────────┐
│   记录数据(导出样品测定结果)     │
└─────────────────────────────┘
              ↓
┌─────────────────────────────┐
│  关闭仪器和计算机(依次关闭软件、   │
│  仪器和计算机)                 │
└─────────────────────────────┘
```

4.14.2　Zeta 电位仪操作规范

(1) 插上接线板的总插头,并将其余插头插在接线板上。

(2) 启动计算机,并开启 Zeta 电位仪后面的电源开关,使 Zeta 电位仪预热 20 min。

(3) 打开软件。

(4) 取一个新的干净的样品池,向样品池中倒入约 1.6 mL 样品。

(5) 根据所需检测样品设定参数。

(6) 测定样品。

(7) 导出样品测定结果。

(8) 依次关闭软件、仪器和计算机。

4.14.3　Zeta 电位仪使用注意事项

(1) Zeta 电位仪量程为 $-150 \sim 150$ mV,粒度范围为 10 nm~30 μm。样品要呈透明状,可将浓样品离心取上清液。

(2) 钯电极用完后及时清洗干净(去离子水清洗,并擦干),插入干燥比色皿中保存。

(3) 实验后及时清理样品仓,还原所使用的附件。比色皿冲洗干净后可重复利用。

(4) 水相和有机相的 Zeta 电位不能同时测定。

4.15 离子色谱仪的操作规范及使用注意事项

离子色谱法是以低交换容量的离子交换树脂为固定相对离子性物质进行分离,并用电导检测器连续检测流出物电导变化的一种色谱方法。

4.15.1 离子色谱仪基本操作流程

离子色谱仪基本操作流程如下:

接通电源(打开电源开关)

↓

打开气阀(打开氮气瓶总阀,
调整氮气分压至 0.2 MPa)

↓

开启仪器和计算机(打开计算机
和主机电源,然后打开自动进样器)

↓

打开软件(连接设备,打开操作软件)

↓

打开压力泵(打开泵,调节流速,
排出泵中气泡)

↓

打开抑制器(打开抑制器,调节电流大小,
观测基线,待色谱柱平衡)

↓

设置测量参数(新建测量方法和设置参数)

↓

制作校准曲线

↓

测定(测定样品)

```
                    ↓
┌─────────────────────────────────────┐
│       记录数据(导出测定结果)          │
└─────────────────────────────────────┘
                    ↓
┌─────────────────────────────────────┐
│    关闭仪器和计算机(实验完毕,         │
│    关闭仪器和计算机电源开关)          │
└─────────────────────────────────────┘
```

4.15.2 离子色谱仪操作规范

(1) 打开氮气瓶总阀,调整氮气分压至 0.2 MPa。

(2) 打开计算机和主机电源,然后打开自动进样器。

(3) 连接设备,打开操作软件。

(4) 打开泵,调节流速,排出泵中气泡。

(5) 打开抑制器,调节所需电流大小,观测基线,待色谱柱平衡。

(6) 新建测量方法和设置参数。

(7) 制作校准曲线。

(8) 测定样品。

(9) 导出样品测定结果。

(10) 关机。

4.15.3 离子色谱仪使用注意事项

(1) 打开抑制器前,泵必须处于开启状态,以免烧坏抑制器。

(2) 使用前后须用去离子水清洗注射器,且必须使用新的去离子水,保证每次检测都更换去离子水。可超声 5 min 进行清洗。

(3) 长时间未使用离子色谱仪,需用去离子水清洗抑制器,定期走平基线。

(4) 禁止手动拨动进样器转盘,以免造成进样针与进样小瓶无法对准。

(5) 更换淋洗液时,保证氮气总阀关闭。淋洗液需用优级纯试剂配制。

(6) 样品溶液必须经 0.45 μm 微孔滤膜过滤,复杂水样需用 0.22 μm 微孔滤膜过滤。

4.16 电子顺磁共振仪的操作规范及使用注意事项

电子顺磁共振(electron paramagnetic resonance,EPR)技术是由不配对电子的磁矩发源的一种磁共振技术,可用于定性和定量检测物质原子或分子中所含的不配对电子,并探索其周围环境的结构特性。

4.16.1 电子顺磁共振仪基本操作流程

电子顺磁共振仪基本操作流程如下:

```
┌─────────────────────────────────────┐
│     打开电源(打开主机及计算机电源)      │
└─────────────────────────────────────┘
                   ↓
┌─────────────────────────────────────┐
│               打开软件                │
└─────────────────────────────────────┘
                   ↓
┌─────────────────────────────────────┐
│            打开微波桥控制器            │
└─────────────────────────────────────┘
                   ↓
┌─────────────────────────────────────┐
│   进行调谐(进行调谐,待衰减项降到 50 dB, │
│           再进行自动调谐)             │
└─────────────────────────────────────┘
                   ↓
┌─────────────────────────────────────┐
│     设定参数(根据所需检测样品设定参数)   │
└─────────────────────────────────────┘
                   ↓
┌─────────────────────────────────────┐
│               测定样品                │
└─────────────────────────────────────┘
                   ↓
┌─────────────────────────────────────┐
│        记录数据(导出样品测定结果)       │
└─────────────────────────────────────┘
                   ↓
┌─────────────────────────────────────┐
│     关闭仪器和计算机(依次关闭软件、      │
│           仪器和计算机)               │
└─────────────────────────────────────┘
```

4.16.2 电子顺磁共振仪操作规范

（1）打开主机及计算机电源。

（2）打开软件。

（3）打开微波桥控制器。

（4）进行调谐,待衰减项降到 50 dB,再进行自动调谐,最终降至 30 dB 以下。

（5）根据所需检测样品设定参数。

（6）测定样品。

（7）导出样品测定结果。

（8）依次关闭软件、仪器和计算机(图 4.23)。

4.16.3 电子顺磁共振仪使用注意事项

（1）保持实验室温度恒定,以及较低的湿度。保持空调不间断工作,环境温度为 23

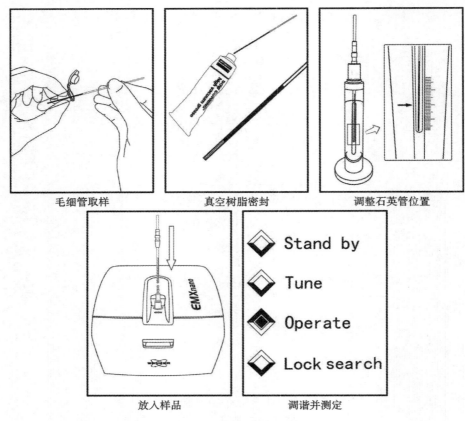

毛细管取样   真空树脂密封   调整石英管位置

放入样品   调谐并测定

图 4.23   电子顺磁共振仪操作规范

～25 ℃ 最佳。

(2) 保证仪器 15 天至少开机一次,运行 20～30 min,以免由于闲置过久,内部元件受潮,再次通电时烧毁。

(3) 样品管装入谐振腔之前,必须将外壁擦拭干净,避免残余样品进入谐振腔,产生干扰信号。

(4) "Tune"状态下微波功率衰减须在 30 dB 以上,切勿置于 0 dB。

(5) 调谐步骤:先点击"Tune",再点击"Lock search",等待设备自动调谐结束,就可以开始测试了。

(6) 测试过程中需要更换样品时,须先将微波桥的功率衰减调到 30 dB 以上,之后切换到"Tune"状态;如果换样时间较长,须切换至"Stand by"。

(7) 仪器工作间歇(如中午休息等)3 h 以内,可以不用关机,但微波桥状态切勿置于"Tune"状态,可切换至"Stand by"状态。

(8) 测试结束,必须将微波桥的功率衰减调到 30 dB 以上,然后切换至"Stand by"状态,切勿置于"Tune"状态就关闭软件和仪器。

(9) 使用液氮变温装置将液氮蒸发装置插入液氮罐时,需手提连接线,注意轻轻放入,且手离罐口 30 cm 以上,以免喷出来的液氮蒸气冻伤手;装置所有磨砂接口处必须涂抹真空硅脂,以防漏气;最后盖口的安全阀务必塞上。

（10）测定液体样品时,如果样品溶剂为极性溶剂(如水、乙醇等),必须使用毛细管装样测试。

4.17　ICP-MS 的操作规范及使用注意事项

电感耦合等离子体-质谱(ICP-MS)所用电离源是感应耦合等离子体(ICP),其主体是一个由三层石英套管组成的炬管,炬管上端绕有负载线圈,三层管从里到外分别通载气、辅助气和冷却气,负载线圈由高频电源耦合供电,产生垂直于线圈平面的磁场。如果通过高频装置使氩气电离,则氩离子和电子在电磁场作用下又会与其他氩原子碰撞产生更多的离子和电子,形成涡流。强大的电流产生高温,瞬间使氩气形成温度可达 10000 K 的等离子焰炬,通过质谱测定气态离子的质荷比来分离、定量元素。

4.17.1　ICP-MS 基本操作流程

ICP-MS 基本操作流程如下:

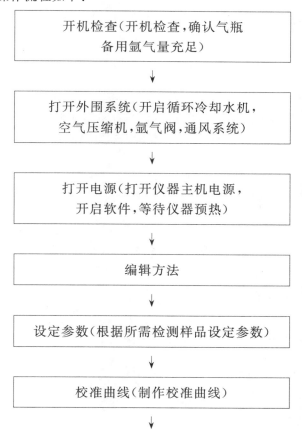

开机检查(开机检查,确认气瓶
备用氩气量充足)

↓

打开外围系统(开启循环冷却水机,
空气压缩机,氩气阀,通风系统)

↓

打开电源(打开仪器主机电源,
开启软件,等待仪器预热)

↓

编辑方法

↓

设定参数(根据所需检测样品设定参数)

↓

校准曲线(制作校准曲线)

↓

```
┌─────────────────────────────────────┐
│      测定样品,记录数据(测定样品,       │
│           导出测定结果)                │
└─────────────────────────────────────┘
                  ↓
┌─────────────────────────────────────┐
│      关闭仪器和计算机(依次关闭软件、      │
│           仪器和计算机)                 │
└─────────────────────────────────────┘
```

4.17.2　ICP-MS 操作规范

(1) 开机检查,确认气瓶备用氩气量充足,循环冷却水机、空气压缩机正常。

(2) 依次开启循环冷却水机、空气压缩机、氩气阀、通风系统。

(3) 打开仪器主机电源,开启软件,等待仪器预热。

(4) 编辑方法。

(5) 设定参数。

(6) 制作校准曲线。

(7) 测定样品。

(8) 导出样品测定结果。

(9) 关机。

4.17.3　ICP-MS 使用注意事项

(1) 由于雾化器中心的毛细管口径非常小,要求样品彻底溶解,不得含有沉淀或漂浮物,如果有少量沉淀要用微孔滤膜进行过滤,否则容易堵塞雾化器。

(2) 矩管中比较容易积炭和积盐,不能直接进盐度高的样品,盐度高的样品须经过预处理。

(3) 定期检查气路是否漏气。开机前确认气瓶压力在正常范围内,一般为 0.6~0.8 MPa。在测定结束后要及时关闭增压阀,以免造成泄压。

4.18　总有机碳分析仪的操作规范及使用注意事项

总有机碳是以碳的含量表示水体中有机物质总量的综合指标。检测原理为先把水中有机物中的碳氧化成二氧化碳,消除干扰因素后由二氧化碳检测器测定,再由数据处理将二氧化碳气体含量转换成水中有机物的浓度。

4.18.1　总有机碳分析仪基本操作流程

总有机碳分析仪基本操作流程如下:

```
┌─────────────────────────────────┐
│       打开气阀(打开氧气瓶总阀,        │
│   调整氧气分压为 0.2～0.4 MPa)       │
└─────────────────────────────────┘
                  ↓
┌─────────────────────────────────┐
│     打开电源(打开主机和计算机电源,       │
│         然后打开自动进样器)           │
└─────────────────────────────────┘
                  ↓
┌─────────────────────────────────┐
│   打开软件(待主机指示灯变绿后,打开软件)     │
└─────────────────────────────────┘
                  ↓
┌─────────────────────────────────┐
│            设定参数                 │
└─────────────────────────────────┘
                  ↓
┌─────────────────────────────────┐
│           新建测定方法               │
└─────────────────────────────────┘
                  ↓
┌─────────────────────────────────┐
│       校准曲线(制作校准曲线)           │
└─────────────────────────────────┘
                  ↓
┌─────────────────────────────────┐
│   测定样品,记录数据(测定样品,并导出结果)    │
└─────────────────────────────────┘
                  ↓
┌─────────────────────────────────┐
│      关闭仪器和计算机(依次关闭软件、        │
│         自动进样器、主机)            │
└─────────────────────────────────┘
```

4.18.2　总有机碳分析仪操作规范

(1) 打开氧气瓶总阀,调整氧气减压阀,使分压为 0.2～0.4 MPa。

(2) 打开主机电源,然后打开自动进样器(如果有的话)。

(3) 打开计算机电源。

(4) 待主机指示灯变绿后,打开软件。

(5) 设定参数。

(6) 新建测定方法。

(7) 制作校准曲线。

(8) 测定样品。

(9) 导出样品测定结果。

(10) 关机。

4.18.3　总有机碳分析仪使用注意事项

（1）待仪器完全启动时，才能打开应用软件。

（2）如果仪器配置有自动进样器，应调节好自动进样器的进样位置及进样深度。

（3）当采用注射器手动进样时，每次注射时尽量将注射针对准隔膜中心位置。

（4）注射器每次插入后，应等积分完成后才拔出来。

（5）样品测定前需保证 pH 在 2 以下，不足则外加几滴盐酸。

（6）每次测定完毕后，应进几针空白液，等待仪器指示稳定后，再退出软件，关闭仪器。

（7）测定过程中，加热炉温度为 800 ℃，温度较高，测样完毕后应立即将仪器关闭，减小对仪器的损耗。

（8）待测定样品必须过滤，保持其中性，禁止测定含高盐、油类、强酸、强碱的样品，否则仪器内部部件容易腐蚀。

4.19　氙灯的操作规范及使用注意事项

氙灯的发光原理是在抗紫外线（UV-cut）水晶石英玻璃管内，用多种化学气体填充，其中大部分为氙气（xenon）与碘化物等，然后再透过增压器（ballast）将 12 V 的直流电压瞬间增加至 23000 V，经过高压振幅激发石英玻璃管内的氙电子游离，在两电极之间产生光源，这就是所谓的气体放电。

4.19.1　氙灯基本操作流程

氙灯基本操作流程如下：

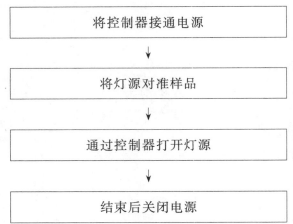

4.19.2　氙灯操作规范

（1）将控制器接通电源。

（2）调整灯源与样品的位置，保证光能正常照射在样品上。

（3）通过控制器打开灯源。

（4）结束后关闭控制器，待灯源冷却后关闭电源。

4.19.3 氙灯使用注意事项

（1）在开启电源的瞬间电流和电压非常大，使用氙灯前需做好防护。

（2）光照能量较强，人眼不可直视光源，操作人员需佩戴特制的防护眼镜。

（3）氙灯激发光源有一部分为紫外线，能量很强，对皮肤有危害，使用时应尽量避免光照射在皮肤上（图 4.24）。

图 4.24 使用氙灯时，除了戴防光眼镜外还需防止皮肤暴露于光照下，以免"变异"

4.20 紫外分光光度计的操作规范及使用注意事项

物质的吸收光谱本质上是物质中分子和原子吸收入射光中某些特定波长的光能量，相应地发生分子振动能级跃迁和电子能级跃迁。由于各种物质具有各自不同的分子、原子和不同的分子空间结构，其吸收光能量的情况也就不会相同。因此，每种物质就有其特有的、固定的吸收光谱曲线，可根据吸收光谱上的某些特征波长处吸光度的高低判别或测定该物质的含量，这就是分光光度计定性和定量分析的基础。分光光度计是根据物质的吸收光谱研究物质的成分、结构和物质间相互作用的有效手段。

4.20.1 紫外分光光度计基本操作流程

紫外分光光度计基本操作流程如下：

接通电源(检查仪器连接线路,接通电源)

↓

打开仪器设备(打开仪器主机电源,
开启软件,等待仪器预热)

↓

扣除背景值(用水作为空白样品,
扣除背景影响)

↓

编辑方法

↓

设定参数

↓

校准曲线(制作校准曲线)

↓

测定样品,记录数据(测定样品,
导出测定结果)

↓

关闭仪器和计算机(依次关闭软件、
仪器主机、计算机)

4.20.2　紫外分光光度计的操作规范

(1) 检查仪器连接线路,接通电源。

(2) 打开仪器主机电源,开启软件,等待仪器预热。

(3) 用水作为空白样品,扣除背景影响。

(4) 编辑方法。

(5) 设定参数。

(6) 制作校准曲线。

(7) 测定样品,关机。

(8) 导出样品测定结果。

(9) 依次关闭软件、仪器主机、计算机(图 4.25)。

 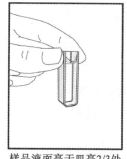 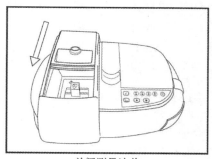

| 清洗比色皿 | 样品液面高于皿高2/3处 | 关闭测量池盖 |

图 4.25 紫外分光光度计操作规范

4.20.3 紫外分光光度计使用注意事项

（1）使用前保证比色皿的洁净，操作时应手持比色皿的毛面，防止透光面沾污或磨损（图 4.26）。

图 4.26 比色皿沾污导致测定误差

（2）待测液制备好后应尽快测定，避免有色物质分解，影响测定结果。

（3）测得的吸光度 A 最好控制在 0.2～0.8 之间，超过 1.0 时要进行适当稀释。

（4）测定样品前，须先用待测液润洗比色皿至少两次。测定结束后，应用蒸馏水将比色皿清洗干净后倒置晾干。若比色皿内有有色污渍挂壁，可用无水乙醇浸泡清洗。

4.21 高效液相色谱仪的操作规范及使用注意事项

高效液相色谱（high performance liquid chromatography，HPLC）又称"高压液相色谱""高速液相色谱""高分离度液相色谱""近代柱色谱"等。高效液相色谱是色谱法的一个重要分支,以液体为流动相,采用高压输液系统,将具有不同极性的单一溶剂或不同比例的混合溶剂、缓冲液等流动相泵入装有固定相的色谱柱。各成分在柱内被分离后,进入检测器进行检测,从而实现对试样的分析。该方法已成为化学、医学、工业、农学、商检和法检等学科或领域中重要的分离分析技术。

4.21.1 高效液相色谱仪基本操作流程

高效液相色谱仪基本操作流程如下:

```
┌─────────────────────────────────┐
│      接通电源(打开电源开关)         │
└─────────────────────────────────┘
              ↓
┌─────────────────────────────────┐
│    打开气阀(打开氮气瓶总阀,         │
│    调整氮气分压至 0.2 MPa)         │
└─────────────────────────────────┘
              ↓
┌─────────────────────────────────┐
│  开启仪器和计算机(打开计算机和主机电源,│
│    然后打开自动进样器)             │
└─────────────────────────────────┘
              ↓
┌─────────────────────────────────┐
│      打开软件(连接设备,打开操作软件)  │
└─────────────────────────────────┘
              ↓
┌─────────────────────────────────┐
│    打开压力泵(打开压力泵,调节流速,   │
│      排出泵中的气泡)               │
└─────────────────────────────────┘
              ↓
┌─────────────────────────────────┐
│    打开紫外检测器(打开紫外检测器,     │
│    观测基线,待色谱柱平衡)          │
└─────────────────────────────────┘
              ↓
┌─────────────────────────────────┐
│  设置测定参数(新建测定方法和设置参数)  │
└─────────────────────────────────┘
              ↓
┌─────────────────────────────────┐
│           制作校准曲线              │
└─────────────────────────────────┘
              ↓
┌─────────────────────────────────┐
│            测定样品                │
└─────────────────────────────────┘
              ↓
```

```
记录数据(导出测定结果)
```
↓
```
关闭仪器和计算机(实验完毕,
关闭仪器和计算机电源开关)
```

4.21.2　高效液相色谱仪操作规范

(1) 依次打开计算机和主机电源以及自动进样器。
(2) 连接设备,打开操作软件。
(3) 打开压力泵,调节流速,排出泵中的气泡。
(4) 打开紫外检测器,调节所需检测波长,观测基线,待色谱柱平衡。
(5) 新建测定方法和设置参数。
(6) 制作校准曲线。
(7) 测定样品。
(8) 导出样品测定结果。
(9) 关机(图 4.27)。

超声流动相

排气泡

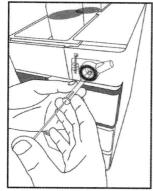
注射样品

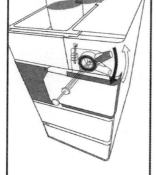
定量环进样

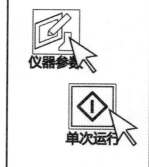
测量

图 4.27　高效液相色谱仪操作规范

4.21.3　高效液相色谱仪使用注意事项

（1）流动相必须用色谱纯试剂，使用前须过滤（使用 0.45 μm 或更细的膜过滤）除去待测溶液中的颗粒性杂质和其他杂质。

（2）流动相过滤后要用超声波脱气，脱气后应该恢复到室温后使用。

（3）使用缓冲溶液时，做完样品后应立即用去离子水冲洗管路及柱子 1 h，然后用甲醇（或甲醇溶液）冲洗 40 min 以上，以充分洗去残留离子。

（4）要注意柱子的 pH 范围，不得注射强酸强碱性样品，特别是强碱性样品。

（5）气泡会导致压力不稳，重现性差，所以在使用过程中要尽量避免产生气泡。

（6）长时间不用仪器，应该将柱子取下用堵头封好保存，注意不能用纯水保存柱子，因为纯水易长霉，而应该用有机相（如甲醇等）。

4.22　原子吸收光谱仪的操作规范及使用注意事项

原子吸收光谱根据朗伯-比尔定律来确定样品中化合物的含量。已知所需样品元素的吸收光谱和摩尔吸光系数，以及每种元素都将优先吸收特定波长的光，因为每种元素需要消耗一定的能量使其从基态变成激发态。检测过程中，基态原子吸收特征辐射，通过测定基态原子对特征辐射的吸收程度，从而得到待测元素含量。

4.22.1　原子吸收光谱仪基本操作流程

原子吸收光谱仪基本操作流程如下：

```
┌─────────────────────────────────┐
│ 打开电源(打开电脑和原子吸收光谱仪主机, │
│        然后打开软件,连接设备)        │
└─────────────────────────────────┘
                 ↓
┌─────────────────────────────────┐
│        放入元素灯(打开灯室,          │
│     把要测定的元素灯放入灯座)         │
└─────────────────────────────────┘
                 ↓
┌─────────────────────────────────┐
│       打开气路(设置乙炔和空气         │
│      的流速并调整火焰高度)           │
└─────────────────────────────────┘
                 ↓
┌─────────────────────────────────┐
│    设置测定参数(新建测定方法和设置参数)  │
└─────────────────────────────────┘
                 ↓
┌─────────────────────────────────┐
│           制作校准曲线              │
└─────────────────────────────────┘
```

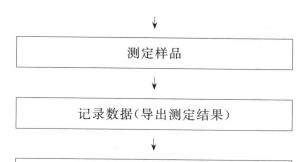

```
              测定样品
                 ↓
      记录数据（导出测定结果）
                 ↓
   关闭仪器和计算机（关闭气路、
   元素灯后再依次关闭软件、主机及计算机）
```

4.22.2 原子吸收光谱仪操作规范

（1）打开电脑和原子吸收光谱仪主机，然后打开软件，连接设备。

（2）打开灯室，把要测定的元素灯放入灯座。

（3）对于火焰原子化器，设置乙炔和空气的流速并调整火焰与光程的相对位置；对于石墨炉原子化器，调整进样口在石墨炉中的位置（图 4.28）。

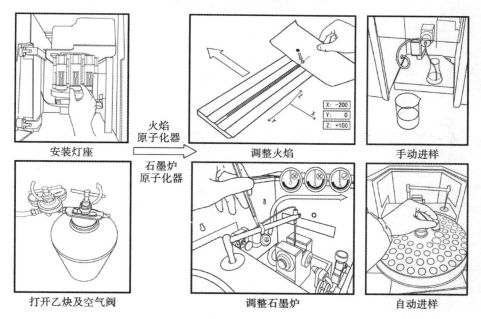

图 4.28 原子吸收光谱仪操作规范

（4）新建测定方法和设置参数。

（5）制作校准曲线。

（6）测定样品。

（7）导出样品测定结果。

（8）关机。

4.22.3　原子吸收光谱仪使用注意事项

（1）关闭火焰前一定要先关乙炔，待火焰自然熄灭后再关空气压缩机。

（2）经常检查雾化器和燃烧头是否存在堵塞现象。

（3）仪器较长时间不使用时，应保证每周打开仪器电源开关至少1次，并通电30 min左右。

（4）仪器使用过程中不得靠近火焰（图4.29）。

图4.29　使用原子吸收光谱仪时靠近火焰导致着火

4.23　特种设备的安全管理措施及使用注意事项

特种设备是指实验室内对人身和财产安全有较大危险的锅炉、压力容器（含气瓶）、压力管道、起重机械、场（厂）内专用机动车辆，以及适用《中华人民共和国特种设备安全法》的其他特种设备。其中锅炉、压力容器（含气瓶）、压力管道为承压类特种设备；起重机械、场（厂）内专用机动车辆为机电类特种设备。由于特种设备的危险性较大，国家及学校对各类特种设备的生产、使用、检验检测三个环节都有严格规定，实行全过程监督。

4.23.1　特种设备的安全管理措施

4.23.1.1　特种设备的购置与安装

特种设备的购置与安装须遵照国家有关部门的规定，完备审批程序，经上级主管单位审批通过后方可实施采购。购置特种设备时，应进行认真的市场调研，特种设备的选型、技术参数、安全性能及能效指标等须符合国家或地方有关强制性规定以及设计要求。必要时，也可向质量监督机构进行咨询，在其指导下选择适当的厂家。特种设备购置后，应选择经质量监督部门认定的具有专业安装资质的单位负责安装和调试，并报有资质的特种设备质量安全检测中心对特种设备安装全过程进行现场监督检测。

4.23.1.2 特种设备的注册、备案与建档

特种设备安装自检合格后,使用单位持特种设备质量安全检测中心出具的安装监督检测合格报告和特种设备相关质量技术资料向特种设备安全监督机构申请检验。经检验合格,在投入使用前或投入使用后 30 日内,向特种设备安全监督机构办理注册登记手续,取得特种设备使用登记证。凡未取得特种设备使用登记证的特种设备,不得擅自使用。

特种设备注册登记后 7 日内,须向上级行政部门提交特种设备(含转入)的注册编号并提供相应设备检验合格证、使用登记证、检验报告及作业人员资格证书的复印件备案。

对购置或转入的特种设备,使用单位应及时建立技术档案,内容包括随机技术文件,安装、维护、大修、改造合同书及技术资料,使用登记证、检验报告,管理制度、操作规程及应急预案,运行检查记录,管理人员和作业人员资格证书等。技术档案的原件由使用单位负责保管,上级行政部门仅保存备案材料的复印件。当特种设备的产权发生变化时,其技术档案随同该特种设备一并转移。

4.23.1.3 日常使用与定期检验

使用单位应对特种设备进行经常性检查和日常维护保养,并做好记录,有作业操作的需填写操作日志。日常维护保养包括对安全附件、安全保护装置、测量控制装置及有关附属仪器仪表进行定期校对和检验,其中压力表每半年校验一次,安全阀每年校验一次。

使用单位应严格执行特种设备定期检验规定,在定期检验合格有效期届满前 30 日向特种设备安全监督机构提出定期检验申请。定期检验合格后 7 日内,须向上级行政部门提交特种设备的检验合格证、使用登记证及检验报告的复印件备案。未经定期检验、超出定期检验合格有效期或者定期检验不合格的特种设备,不得继续使用。

特种设备有维修、改造、停用和重新启用等情形时,使用单位须提出申请,审批通过后报上级行政部门备案。具体程序如下。

(1)特种设备维修、改造的,报辖区质量监督机构批准后方能实施。

(2)特种设备停用的,报特种设备安全监督机构备案。

(3)特种设备再度启用的,须向特种设备安全监督机构申请检验,经检验合格,重新取得使用登记证后方可投入使用。使用单位须在 7 日内将重新登记后的检验合格证、使用登记证及检验报告的复印件提交上级行政部门备案。

4.23.1.4 产权转移与报废处置

使用单位向上级相关部门提出申请,审核通过后,使用单位向转移单位移交设备及其技术档案;设备移交完毕,向特种设备安全监督机构申请办理产权转移手续。

因使用年限到期或检验判废或其他原因无法正常使用的特种设备可办理报废申请。报废程序如下:使用单位向上级行政部门提出申请,审批同意后,到特种设备安全监督机构办理注销手续;属固定资产的,其报废按单位设备固定资产报废程序办理。

4.23.2　特种设备的操作规范

（1）设备运行前，做好各项检查工作，包括电源电压、各开关状态、安全防护装置以及现场操作环境等。发现异常应及时处理，禁止不经检查强行运行设备。

（2）设备运行时，按要求检查设备运行状况以及进行必要的检测，并按规定记录运行情况。根据经济实用的工作原则，调整设备处于最佳工况，降低设备的能源消耗。

（3）当设备发生故障时，应立即停止运行，同时立即上报主管领导，并尽快排除故障或抢修，保证设备正常运转。严禁设备在故障状态下运行。

（4）因设备安全防护装置动作，造成设备停止运行时，应根据故障显示进行相应的故障处理。一时难以处理的，应在上报实验室老师或主管领导的同时，组织专业技术人员对故障进行排查，并根据排查结果，抢修故障设备。禁止在故障不清的情况下强行送电运行。

（5）当设备发生紧急情况可能危及人身安全时，操作人员应在采取必要的控制措施后，立即撤离操作现场，防止发生人员伤亡。

4.23.3　特种设备使用注意事项

（1）所选购的特种设备必须是由国家认可相应资质的制造商生产并经监督检验合格的产品。实验室不得自行设计、制造和使用自制的特种设备。

（2）特种设备管理人员和作业人员须经特种设备安全监督机构考核合格，取得中华人民共和国特种设备作业人员证后方可从事相应的工作。在作业中应严格执行相应的操作规章和安全制度。

（3）应认真落实安全检查实施细则，及时发现并消除安全隐患，最大限度预防安全事故的发生。

（4）应根据本单位特种设备种类及特性、存放场所与环境等，划定安全区域，确定区域的安全等级，有针对性地制订本单位特种设备事故应急救援预案，并报上级主管单位备案。

（5）使用单位须成立特种设备事故应急救援小组，组长为本单位负责人，成员由具有相应安全专业知识的专家和安全管理员组成。小组成员名单和有效的联系方式应张贴在本单位醒目的位置，并报上级主管单位备案。

（6）事故应急救援小组应每年组织至少一次本单位人员的特种设备事故应急救援预案学习和演练。若发生特种设备事故（包括人员伤亡、特种设备严重损坏或者中断运行等），立即启动特种设备事故应急救援预案，采取有效的应急救援措施，同时报告上级相关部门，不得瞒报、谎报或延报。

 在线答题

 扫码完成本章习题

第5章 实验室安全及事故处理

环境科学与工程实验室中通常存放有大量具有腐蚀性、毒性（甚至是剧毒）及易燃烧、易爆炸的试剂。此外，实验中经常进行加热、灼烧等明火或高温操作，还常用到多种电器设备。实验人员如果操作不当或粗心大意，很容易发生火灾、爆炸、中毒与灼伤、外伤等危险事故。2006 年 03 月，上海市某大学一实验室内突发爆炸，室内试管、容器等相继发生连锁爆炸。事故原因是弥散在空气中的混合气体可能和实验室内的冰箱制冷设施发生反应，引起冰箱发生爆炸。存放在实验室的众多试管、化学品容器等均受到波及，相继发生爆炸，并引起燃烧。该事故反映出操作、药品存放、实验室通风、实验室管理等方面存在的问题。保证实验室安全是维持实验正常进行的先决条件。因此，提高安全防范意识，掌握必要的防火、防爆、防毒、防触电等知识是对实验人员最基本的要求。同时，在实验操作中，实验人员应逐步培养处理处置危险事故的能力。

5.1 实验室安全管理规定

科研实验室是学校教学和科研的重要基地，也是各课题组工作和学习的场所，实验室工作人员应以主人翁态度参与实验室的管理，并遵守实验室的所有规章制度，有不明之处及时与导师及实验室老师请教和沟通。

（1）加强实验室工作人员的安全教育，定期开展培训。所有人员需经过安全培训，并通过安全考试方可进入实验室开展工作。各单位实验安全管理部门要组织与自身实验室特点相关的培训，要加强对操作人员的实验指导和安全教育。

（2）规范安全管理，明确安全责任。各单位安全负责人、各实验室安全责任人签订安全责任书，教师、学生及其他相关人员进入实验室工作，须与实验室安全责任人签订安全承诺书。

（3）制度上墙，明确标识。学院安全信息牌、简明安全规章制度等要在实验室入口处明显位置张贴。各个涉及危险化学品、放射性同位素与射线装置、特种装备的实验室，应对化学药品存放、重要设备、使用说明等信息进行明确标识和张贴。

（4）实验室安全检查的主要任务：监督安全规章制度的落实，制止违反安全管理制度的行为，发现安全隐患并督促及时整改。

（5）实验室安全检查的主要内容：安全责任体系的建立与落实情况，安全管理规章制度的制订与执行情况，安全教育培训和宣传的计划与实施情况，各类涉及危险化学品、放射性同位素与射线装置、特种装备、特种实验场所的实验室技术安全及档案建立的情况。

（6）切实保证各种安全设备完好率达到 100％。公共部分的安全设备需定期检查、维护，并做好检查记录。各实验室安全设备由各实验室安全责任人负责做好维护和保养工作，应委托有资质的专门机构开展维保工作。

（7）严格执行实验室安全检查制度，实验室安全管理员、安全负责人及相关领导定期抽查实验室，相关检查记录应及时存档。

（8）不得违规占用公共区域，严禁私搭乱盖。确保实验楼安全出口、疏散通道畅通，安全疏散指示标志明显，应急照明完好。

（9）加强用电和用水安全，严禁私拉乱接电线。实验室关门前要关闭窗户和水电，确保安全。

（10）严禁在实验室使用蜡烛、煤油灯等未经上级同意的照明、加热设备。实验室内严禁吸烟。

（11）建立和健全实验室安全档案，安全档案包括各类有关安全的管理制度、安全责任书、安全设施器材检查记录、安全检查整改记录、有关安全的会议记录等。

（12）建立和健全实验室安全档案，主要包括各类有关安全的管理制度，安全设施器材检查记录，安全检查整改记录，重要实验设备使用记录台账，化学药品购买、存放、领用台账，特种装备使用、保养、维护记录，大型仪器设备使用记录，重点实验室值班安排，实验室有关安全的会议记录等。

5.2 火灾事故

环境科学与工程实验室容易发生火灾事故，其中电气火灾是实验室火灾的主要原因，包括线路短路、超负荷、接点接触不良而产生电火花，设备过热，静电和雷电等。其次，实验操作中常用的许多化学药品（如易燃有机液体）和仪器设备（如干燥箱、高压钢瓶等）具有易燃或易爆性，如操作不当很有可能造成火灾甚至爆炸等事故。

石油醚、乙醚、二硫化碳、丙酮和苯等的闪点都比较低，即使存放在普通冰箱内（冰室最低温度为 −18 ℃，无电火花消除器）也有可能着火，故这类液体不得储存于普通冰箱内。另外，低闪点液体的蒸气只需接触红热物体表面便会着火，其中二硫化碳尤其危险，即使与暖气散热器或热灯泡接触，其蒸气也会着火，应该特别小心。

5.2.1 火灾的预防

为预防火灾，应遵守以下几点。

（1）加强实验室人员消防安全教育，定期开展消防模拟演练。

（2）实验室要严格管理烟火，加强电气管理，定期对实验系统、用电线路和供电线路进行检查。

（3）不得私自拉接临时供电线路。电源或电器的保险丝烧断时，应先查明原因，排除故障后再按原负荷换上适宜的保险丝，不得用铜丝替代。使用高压电源工作时要穿绝缘鞋，戴绝缘手套并站在绝缘垫上。

（4）应建立用电安全定期检查制度。发现电器设备漏电要立即修理，绝缘设施损坏或线路老化要及时更换。

（5）电器装置必须符合现行国家标准《爆炸性气体环境用电阻加热器通用技术要求》（GB/T 34663—2017）和《建筑电气工程施工质量验收规范》（GB 50303—2015）。

（6）易燃易爆试剂分类、分组存放，专柜限量储存，专人保管。存储区与明火、可能产生电火花的设备、变电箱等保留大于 15 m 的防火间距，且在实验中操作易燃易爆试剂时要远离火源、热源。

（7）使用氧气钢瓶时，不得让氧气大量溢入室内。在含氧量约为 25% 的空气中，物质燃烧所需温度要比空气中低得多，且燃烧剧烈，不易扑灭。

（8）严禁在开口容器或密闭体系中用明火加热有机溶剂，当用明火加热易燃有机溶剂时，必须配有蒸气冷凝装置或合适的尾气排放装置。

（9）使用烘箱和高温炉时，必须确认自动控温装置可靠，同时还需人工定时监测温度，以免温度过高。不得将含有大量易燃、易爆溶剂的物品送入烘箱和高温炉加热。

（10）燃着的或阴燃的火柴梗不得乱丢，应放在表面皿中，实验结束后一并投入废物缸。

5.2.2　火灾事故处理

预防火灾事故的发生非常重要，但如果事故已经发生，就需要进行应急处置。只要掌握必要的消防知识，并采取适时且合理的补救措施，一般可以迅速灭火。

实验室发生火灾事故时一般不用水灭火！这是因为水能和一些药品（如钠）发生剧烈反应，用水灭火时会引起更大的火灾甚至爆炸，并且大多数有机溶剂不溶于水且比水轻，用水灭火时有机溶剂会浮在水上面，反而扩大火场。

5.2.2.1　实验室必备灭火器材

1. 沙箱

将干燥沙子储于容器中备用，灭火时，将沙子撒在着火处。干燥沙子对扑灭金属起火特别安全有效。平时经常保持沙箱干燥，切勿将火柴梗、玻璃管、纸屑等杂物随手丢入其中。

2. 灭火毯

通常用大块石棉布作为灭火毯，灭火时包盖住火焰即可。近年来已确证石棉有致癌性，故应改用玻璃纤维布。沙子和灭火毯经常用来扑灭局部小火，必须妥善安放在固定位置，不得随意挪作他用，使用后必须归还原处。

3. 二氧化碳灭火器

二氧化碳灭火器是实验室最常使用，也是最安全的灭火器。其钢瓶内储有液态 CO_2，特别适用于油脂和电器起火，但不能用于扑灭金属着火。CO_2 无毒害，使用后干净无污染。

4. 泡沫灭火器

$NaHCO_3$ 与 $Al_2(SO_4)_3$ 溶液作用产生 $Al(OH)_3$ 和 CO_2 泡沫，灭火时泡沫把燃烧的物质包住，与空气隔绝而灭火。因泡沫能导电，不能用于扑灭电器着火，且灭火后污染严重,给火场清理工作带来麻烦,故一般非大火时不用它。

5. 干粉灭火器

干粉灭火器内装有磷酸铵盐干粉灭火剂。主要用于扑救石油、有机溶剂等易燃液体、可燃气体和电器设备引起的初期火灾。

5.2.2.2 实验室防火措施

(1) 若遇火灾,立即拨打 119 报警,同时应立即熄灭附近所有火源,切断电源,移开易燃易爆物品,并视火势大小,采取不同的扑灭方法,防止火势蔓延。

(2) 对在容器(如烧杯、烧瓶、热水漏斗等)中发生的局部小火,可用石棉网、表面皿等盖灭。

(3) 有机溶剂在桌面或地面上蔓延燃烧时,不得用水冲,可撒上细沙或用灭火毯扑灭。

(4) 对钠、钾等金属着火,通常用干燥的细沙覆盖。严禁使用水和四氯化碳灭火器,否则会导致猛烈爆炸,也不能用 CO_2 灭火器。

(5) 若衣服着火,切勿慌张奔跑,以免风助火势。化纤织物最好立即脱除。一般小火可用湿抹布、灭火毯等包裹使火熄灭。若火势较大,可就近用水龙头浇灭。必要时可就地卧倒打滚,可防止火焰烧向头部,同时身体在地上压住着火处,使火熄灭。

(6) 在反应过程中,若因冲料、渗漏、油浴等引起反应体系着火,情况比较危险时,处理不当会加重火势。扑救时必须谨防冷水溅在着火处的玻璃仪器上,必须谨防灭火器材击破玻璃仪器,造成严重的泄漏而扩大火势。有效的扑灭方法是用几层灭火毯包住着火部位,隔绝空气使其熄灭,必要时在灭火毯上撒些细沙。若仍不奏效,必须使用灭火器,由火场周围逐渐向中心处扑灭。

5.3 爆炸事故

5.3.1 实验室爆炸事故原因

(1) 随意混合化学药品。氧化剂和还原剂的混合物反应过于激烈失去控制或在受热、摩擦或撞击时发生爆炸。

(2) 在密闭体系中进行蒸馏、回流等加热操作。

(3) 在加压或减压实验中使用不耐压的玻璃仪器。

(4) 大量易燃易爆气体,如氢气、乙炔、煤气和有机蒸气等逸入空气,引起燃爆。

(5) 一些本身容易爆炸的化合物,如硝酸盐类、硝酸酯类、芳香族多硝基化合物、乙炔及其重金属盐、有机过氧化物(如过氧乙醚和过氧酸)等,受热或被敲击时会爆炸。强氧化剂与一些有机化合物如乙醇和浓硝酸混合时也会发生猛烈的爆炸反应。

(6) 在使用和制备易燃、易爆气体,如氢气、乙炔等时,不在通风橱内进行,或在其附近点火。

(7) 搬运气体钢瓶时不使用钢瓶车,而让气体钢瓶在地上滚动,或撞击气体钢瓶表头,随意调换表头,或气体钢瓶减压阀失灵等。

表 5.1 中列出的混合物都发生过意外的爆炸事故。

表 5.1　易发生爆炸事故的混合物

混　合　物	混　合　物
镁粉和重铬酸铵	混合有机化合物
镁粉和硝酸银 (遇水发生剧烈爆炸)	还原剂和硝酸铅
	氯化亚锡和硝酸铋
镁粉和硫黄	浓硫酸和高锰酸钾
锌粉和硫黄	三氯甲烷和丙酮
铝粉和氧化铅	铝粉和氧化铜

5.3.2　爆炸事故的预防与急救

凡有爆炸危险的实验应该遵守以下操作规范。

(1) 凡是有爆炸危险的实验,必须遵守实验教材中的指导,并在专门防爆设施(或通风橱)中进行。

(2) 高压实验必须在远离人群的实验室中进行。在做高压、减压实验时,应使用防护屏或防爆面罩。

(3) 禁止随意混合各种化学药品,如高锰酸钾和甘油。

(4) 在点燃氢气(H_2)、一氧化碳(CO)等易燃气体之前,必须先检验气体纯度,防止爆炸。

(5) 银氨溶液不能留存,因银氨溶液久置后将变成叠氮化银(AgN_3)沉淀,其易爆炸。

(6) 某些强氧化剂(如氯酸钾、硝酸钾、高锰酸钾等)或其混合物不能研磨,否则会发生爆炸。

(7) 钾、钠应保存在煤油中,磷可保存在水中,取用时用镊子。一些易燃的有机溶剂,要远离明火,用完后立即盖好瓶塞。

(8) 搬运气体钢瓶时应使用钢瓶车。不得让气体钢瓶在地上滚动,不得撞击气体钢瓶表头,更不得随意调换表头。

(9) 在使用和制备易燃、易爆气体,如氢气、乙炔等时,必须在通风橱内进行,且不得在其附近点火。

(10) 如果发生爆炸事故,首先将受伤人员撤离现场,拨打 120 呼叫救护车,送往医院急救,同时立即切断电源,关闭煤气和水龙头。如已引发其他事故,则按相应办法处理。

5.4　中毒与灼伤事故

某些化学药品使用不慎可能造成中毒或灼伤事故。

5.4.1 化学中毒和灼伤事故的预防

5.4.1.1 化学中毒及灼伤原因

(1) 化学中毒原因:由呼吸道吸入有毒物质的蒸气;通过皮肤、眼睛等直接接触进入人体;误食有毒药品。

(2) 灼伤则主要是因为皮肤或眼睛直接接触强腐蚀性物质、强氧化剂、强还原剂,如浓酸、浓碱、氢氟酸、钠、溴等引起局部外伤。

5.4.1.2 化学中毒与灼伤预防措施

(1) 在进行某些有潜在危险的实验操作时应该戴防护眼镜(图 5.1),防止眼睛受刺激性气体熏染,防止任何化学药品(特别是强酸、强碱)及玻璃屑等异物进入眼内。

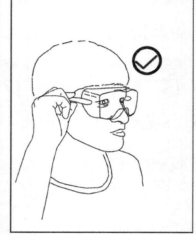

图 5.1 防护眼镜佩戴方式——不得用手触碰镜面

(2) 禁止用手直接取用任何化学药品,使用有毒的化学试剂时除用药匙、量器外必须戴橡胶手套,实验完成后马上清洗仪器用具,并立即用肥皂洗手。

(3) 尽量避免吸入任何药品和溶剂蒸气。处理具有刺激性、恶臭和有毒的化学药品,如 H_2S、NO_2、Cl_2、Br_2、CO、SO_2、SO_3、HCl、HF、浓硝酸、发烟硫酸、浓盐酸、乙酰氯等时,必须在通风橱中进行。

(4) 严禁在酸性介质中使用氰化物。

(5) 禁止口吸移液管来移取浓酸、浓碱、有毒液体,应该用洗耳球吸取。禁止冒险品尝药品试剂,不得用鼻子直接嗅气体,而应该用手向鼻孔扇入少量气体。

(6) 不要用乙醇等有机溶剂擦洗溅在皮肤上的药品,这种做法反而会增加皮肤对药品的吸收。

(7) 实验室里禁止吸烟、进食、饮水、打赤膊以及穿拖鞋。

5.4.2 化学中毒和灼伤的急救

5.4.2.1 化学中毒的急救措施

发生化学中毒时,必须采取紧急措施,并立即将中毒者送往医院救治。

1. 中毒急救治疗的一般原则

(1) 呼吸系统中毒时,应立即将中毒者撤离现场。将中毒者转移到通风良好的地方,让其呼吸新鲜空气。中毒轻者会较快恢复正常。若发生休克昏迷,可给中毒者吸入氧气及进行人工呼吸,并迅速送往医院。

(2) 消化道中毒应立即洗胃,常用的洗胃液有食盐水、肥皂水、3%～5% $NaHCO_3$ 溶液、边洗边催吐,洗到基本没有毒物后服用生鸡蛋清、牛奶、面汤等解毒剂。

(3) 接触可经皮肤吸收的毒物,或因腐蚀性可造成皮肤灼伤的毒物时,应立即脱去受污染的衣物,并用大量清水冲洗,也可用微温水,禁用热水。

2. 常见中毒急救措施

(1) 固体或液体毒物中毒时,有毒物质尚在嘴里的应立即吐掉,并用大量清水漱口。误食碱者,先饮大量水再喝些牛奶。误食酸者,先喝水,再服 $Mg(OH)_2$ 乳剂,最后饮些牛奶。不要用催吐药,也不要服用碳酸盐或碳酸氢盐。

(2) 重金属盐中毒者,喝一杯含有几克 $MgSO_4$ 的水,并立即就医。不要服催吐药,以免引起危险或使病情复杂化。砷和汞化物中毒者,必须紧急就医。

(3) 强酸性腐蚀性毒物中毒者,先饮大量水,再服氢氧化铝膏、鸡蛋清;强碱性毒物中毒者,最好先饮大量水,然后服用醋、酸果汁和鸡蛋清。不论酸或碱中毒都需饮些牛奶,不要吃催吐药。

5.4.2.2 眼睛灼伤或进异物的急救措施

(1) 化学试剂溅入眼内,任何情况下都要立即使用洗眼器洗涤或用大量水彻底冲洗眼睛(图 5.2),急救后必须迅速送往医院检查治疗。洗涤时可采用以下方法:立即睁大眼睛,用流动清水反复冲洗,边冲洗边转动眼球,但冲洗时水流不宜正对眼角膜方向。冲洗时间一般不得少于 15 min。若无冲洗设备或无他人协助冲洗,可将头浸入脸盆或水桶中,睁大眼睛浸泡十几分钟,同样可达到冲洗的目的。注意,若双眼同时受伤,必须同时冲洗。

(2) 若玻璃屑进入眼睛,要尽量保持平静,绝不可用手揉擦,也不要试图让别人取出碎屑,尽量不要转动眼球,可任其流泪,有时碎屑会随泪水流出。可用纱布轻轻包住伤者眼睛后,将其急送医院处理。若系木屑、尘粒等异物,可由他人翻开眼睑,用消毒棉签轻轻取出异物,或任其流泪,待异物排出后,再滴入几滴鱼肝油。

5.4.2.3 皮肤灼伤的急救措施

1. 酸灼伤

硫酸灼伤后应立即用纸或布轻轻沾去残留酸,然后用大量水冲洗,切忌擦破皮肤。盐酸、硝酸灼伤时可立即用水冲洗,冲洗后,用 5% $NaHCO_3$ 溶液或氧化镁、肥皂水等中和留在皮肤上的氢离子,中和后仍继续冲洗。氢氟酸能腐蚀指甲、骨头,滴在皮肤上,会形

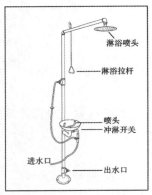
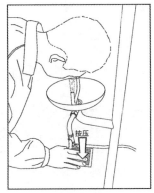
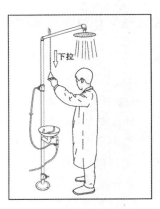

图 5.2　洗眼器一般结构及使用方式

成难以治愈的烧伤,皮肤若被其灼伤,应先用大量水冲洗 30 min 以上,再用冰冷的饱和硫酸镁溶液或 70% 酒精浸洗 30 min 以上;或用大量水冲洗后,用肥皂水或 2%~5% $NaHCO_3$ 溶液冲洗,再用 5% $NaHCO_3$ 溶液湿敷;局部外用可的松软膏或紫草油软膏及硫酸镁糊剂。

2. 碱灼伤

先用大量水冲洗,再用 2% 醋酸溶液或 2% 硼酸溶液冲洗,最后用水洗。冲洗后涂上油膏,并将伤口扎好。重者送医院诊治。

3. 溴灼伤

立即用大量水冲洗后用酒精擦至灼伤处呈白色,然后涂上甘油或烫伤膏。

在受上述灼伤后,若创面起水泡,均不宜把水泡挑破。

5.5　烫伤、割伤等外伤

在实验过程中使用火焰、蒸气、红热的玻璃和金属时易发生烫伤。割伤也是实验室常见的伤害,尤其是在向橡皮塞中插入温度计、玻璃管时,一定要用水或甘油润滑且用布包住温度计或玻璃管轻轻旋入,用力过猛易导致割伤。

5.5.1　实验室常备药物

实验室应常备医药箱,医药箱专供急救用,不允许随便挪动,平时不得动用其中器具。医药箱内一般有下列急救药品和器具。

(1) 治疗用品:剪刀、药棉、纱布、棉签、创可贴、绷带、镊子、棉签等。

(2) 消毒剂:75% 酒精、0.1% 碘伏、3% 过氧化氢、酒精棉球。

(3) 创伤药:红药水、龙胆汁、消炎粉。

(4) 化学灼伤药:5% 的 $NaHCO_3$ 溶液、1% 硼酸、2% 醋酸、氨水、2% 硫酸铜溶液。

(5) 烫伤药:玉树油、蓝油烃、烫伤药、凡士林。

5.5.2　实验室外伤急救方法

（1）割伤后首先必须检查伤口内有无玻璃碎屑等异物，用水洗净伤口，再擦碘伏或红药水，必要时用纱布包扎，也可在洗净的伤口上贴上创可贴。若伤口较大或过深而大量出血，要迅速包扎止血，并立即送医院诊治。

（2）一旦被火焰、蒸气、红热的玻璃或金属等烫伤时，立即用大量水冲淋或浸泡伤处，以迅速降温，避免深度烧伤。对于轻微烫伤，可在伤处涂些鱼肝油或烫伤油膏或万花油后包扎。一般用 90%～95% 酒精消毒后，涂上苦味酸软膏。如果伤处红痛或红肿，可用橄榄油或棉花沾酒精敷盖伤处；若皮肤起泡，不要弄破水泡，防止感染，用纱布包扎后送医院治疗。

 在线答题

　扫码完成本章习题

参 考 文 献

[1]　和彦苓.实验室安全与管理[M].2版,北京:人民卫生出版社,2015.

[2]　孙万付.危险化学品安全技术全书:通用卷[M].3版,北京:化学工业出版社,2018.

[3]　陈卫华.实验室安全风险控制与管理[M].北京:化学工业出版社,2017.

[4]　冯建跃.高校实验室安全工作参考手册[M].北京:中国轻工业出版社,2019.